Martin Darting

PRAKTISCHE SENSORIK UND FOOD PAIRING

Martin Darting

PRAKTISCHE SENSORIK UND FOOD PAIRING

PAR®-Methodik zur Qualitätsbeurteilung von Wein, systematische Kombination von Speisen und Wein

36 Zeichnungen

Inhaltsverzeichnis

Einleitung

Was macht einen *guten* Wein oder *gutes* Essen aus?

Diese scheinbar so simple Frage begleitet mich nun schon einen Großteil meines Berufslebens. Denn ganz gleich, ob es um die Beratung von Winzerinnen und Winzern in Weinberg und -keller geht, um die Bewertung von Weinen in internationalen Rankings oder „nur" um die kleine Verkostung im Freundeskreis: Es geht im Grunde immer um Qualität sowie darum, was man darunter versteht, und um die Nachvollziehbarkeit derselben. Schließlich lässt sich über Qualität wunderbar streiten. Das Ziel sollte sein, Qualitätskriterien nachvollziehbar zu kommunizieren, um eine Orientierung zu geben und Transparenz zu schaffen.

In vielen Gesprächen geht es immer gleich um „gut" und „schlecht", wo wir was verbessern können oder Schlechtes sich vermeiden ließe. An der Stelle fällt mir immer ein Zitat von Georg Christoph Lichtenberg (1742–1799) ein: „Ich weiss nicht, ob es besser wird, wenn es anders wird. Aber es muss anders werden, wenn es besser werden soll." Doch wie könnte dieses „anders" aussehen? Und wer legt überhaupt fest, was „gut" und was „schlecht" ist, was einer Norm entspricht und was nicht? Wo steht geschrieben, wie ein Wein zu sein hat – und wie nicht?

In diesem Buch geht es um die Prüfung und die Beurteilung von Lebensmitteln, insbesondere von Wein, mittels unserer Sinnesorgane. Wein ist wie andere Lebensmittel ein sogenanntes abstraktes Produkt: Zwar lassen sich die Inhaltsstoffe mittlerweile gut messen und quantifizieren, aber ob seiner komplexen Zusammensetzung stellt er sich sensorisch als extrem variantenreich dar und ist somit leider nicht eindeutig und klar zu begreifen. Ein Gegenstand wie ein Buch, eine Kaffeetasse, ein Kleidungsstück, ein Auto oder ein anderes Produkt, welches aufgrund seiner Erscheinung sofort erkennbar und zuordenbar ist, bei dem jede(r) sofort weiß, worum es sich handelt, wird im Unterschied dazu als ein nichtabstraktes Produkt angesehen: Die Wiedererkennung ist eindeutig. Wein, Kaffee, Bier, Speisen, Olivenöl, Brot etc. sind demgegenüber zwar visuell einer Produktart zuordenbar, aber ihre sensorischen Unterschiedlichkeiten lassen sich nur schwierig darstellen, und auch ihre Qualität bzw. Güte ist nicht objektiv zu bestimmen.

Was kann man bei abstrakten Produkten also sensorisch messen und für eine Einteilung nach Qualität, also einer Gütekategorie, nutzen – und *wie* kann man diese Werte messen? Es geht letztlich darum, anhand von Messwerten zu verstehen, warum ein Wein so schmeckt, wie er schmeckt, und festzustellen, welche Werte einen Wein zu einem *guten* Wein machen. Je mehr solcher Puzzleteile zusammenkommen, desto klarer wird das Bild, der sensorische Eindruck.

Ein solches Puzzleteil ist: den Wein beschreiben – möglichst gerade auch die Unterschiede zu anderen Weinen, die Besonderheiten. Im besten Falle sind solche Beschreibungen wiederholbar und somit reproduktiv sowie glaubwürdig und konsistent. Das Beschreiben funktioniert besonders gut, wenn man einen zweiten Wein zum Vergleich hat und sich somit auf die Unterschiede zwischen beiden konzentrieren kann – z. B.: Der eine hat mehr, der andere weniger Säure.

In einem zweiten Schritt geht es dann darum, diese Unterschiede in ein Qualitätsmuster, in eine definierte Kategorie oder in eine Norm oder nach Anforderungen einzuteilen und somit eine nachvollziehbare Orientierung, z. B. für eine Kaufentscheidung, zu generieren. Mehr oder weniger Säure ist nur dann besser oder schlechter, wenn das Produkt eine Anforderung erfüllen soll, z. B. ein Essen begleiten, oder wenn eine Herkunft oder eine Jahrgangstypizität zu erklären ist. Solche Aussagen sind subjektiv und werden erst durch eine nachvollziehbare Begründung verständlich und glaubwürdig.

Bei der sensorischen Prüfung fällt immer wieder auf, dass alle Menschen eine intuitive Vorstellung von Qualität haben. Sicher ist dieses Qualitätsverständnis sehr subjektiv, nach dem Motto: „Gut ist es dann, wenn ich es mag." Die allermeisten Menschen, denen ich begegnet bin (gerne würde ich schreiben: alle Menschen) können sofort sagen: „Dieser Wein schmeckt mir, dieser nicht."

Doch über Geschmack oder sensorische Eindrücke zu reden oder sie zu beschreiben ist eine große Herausforderung: Was passiert da gerade in meinem Mund und wie kann ich es beschreiben? *Was* nehme ich eigentlich wahr? *Wo* merke ich etwas? Was bedeutet Geschmack? Was ist der Unterschied zwischen bitter und scharf? Und worin besteht der Unterschied zu adstringent? Wenn eine Wortbedeutung nicht bekannt ist oder Wörter, beschreibende Attribute nicht systematisch angewendet werden, dann haben Interpretationen nur einen geringen Wiedererkennungswert. Daher sind Sensorik und Sprache auf Gedeih und Verderb verbundene Partner und es bedarf der gleichen Aufmerksamkeit sowie ständiger Reflexion, ob sie nachvollziehbar sind und wie sie verstanden werden.

Ist nicht nur Verständnis und Akzeptanz beim Zuhörer, sondern auch noch die Objektivität ein Ziel sensorischer Testergebnisse, so ist es umso wichtiger, dass bei der Beschreibung Sprache trennscharf und eindeutig verwendet wird. Die Objektivität in der Sensorik liegt in der Reizaufnahme, die bei allen Menschen gleich funktioniert. Diese wird als „Perzeption" oder auf Deutsch als „Empfindung" definiert. Wird aus dem primären Reiz (Perzeption) eine Wahrnehmung (Sensation) und somit meist eine Interpretation, dann wird die Aussage subjektiv. Objektiv ist eine Aussage, solange nur der perzeptionelle Wert beschrieben und nicht interpretiert wird. Dokumentation ist also angesagt: Unterschiede erkennen, aber sie nicht beurteilen! Dies wird als Apperzeption bezeichnet. Mit diesen sprachlichen Herausforderungen befasste sich schon Goethe, um einer Wortbedeutung und somit der Wiedererkennung des jeweiligen Worts und der eindeutigen Interpretation von Sensationen (Wahrnehmungen) Herr zu werden.

Um diese Sachverhalte wird es in diesem Buch ständig gehen.

Empfindung vs. Wahrnehmung

Die primäre sensorische Empfindung (Perzeption), die ein Wein auslöst, ist bei allen Menschen gleich.	→ objektiv
Ob dieser Person der Wein schmeckt oder nicht (Sensation), ist eine völlig andere Frage.	→ subjektiv

Manchmal amüsant, aber immer interessant, manchmal erstaunlich sind dann Gespräche oder Weinbeschreibungen wie die folgenden:

„Der hat eine tolle, salzige Mineralität."

„Dieser hat einen guten Auftakt, zeigt am Ende aber Schwächen."

„Das ist ein Wein mit sehr schönen süßen Aromen und einem leicht herben Geschmack."

„Die Tanninstruktur ist noch etwas verhalten ..., das wird aber noch."

„Schmelzige Aromen ergänzen die feine süß-saure Art sehr harmonisch."

„Eine hervorragende Qualität mit deutlicher Terroirprägung."

„Mineralische Noten vom Schiefer kämen mit einer feinen Süße noch komplexer zur Geltung."

„Weittragendes, sehr sortentypisch aromatisches Duftbild wie eine im Wind wehende Fahne. Sehr duftig, etwas fruktosig und mit saftig anmutender Zitrus- und Kräuternote, verströmt der Wein ein besonders gelungenes Bouquet."

„Er gräbt sich tief ein am Zungenrand und schmeißt um sich mit schlank-charmanter Schmelzigkeit, bleibt immer rassig, geradlinig und mit einer stringenten Säure, die wie am Perlenkettchen druckvoll über die Zunge rollt."

„Ein süffiges und fruchtiges Profil, das die Charakteristika dieser Rebsortentypizität in eindeutiger Verbindung mit dem schweren Terroir ideal widerspiegelt. Super-fruchtbetonte, leichtfüßig-luftige Nase, dabei viel Saft und grandiose Eleganz. Ganz leicht, geschliffen und mit viel Spannung, bleibt er dennoch nachhaltig und komplex im Mund. Ausgezeichnete Tiefenstaffelung und großes Spiel zeichnet diesen unkomplizierten, süffigen Wein aus."

„Bei diesen Aromen, Geschmacksrichtungen und Nuancen kann das nur ein komplexer Qualitätswein sein."

Da fällt mir immer ein: „Der Laie staunt, der Fachmann wundert sich." Aber was bedeuten solche Aussagen? Kann man damit was anfangen? Wie sind diese Worte gemeint?

Ich bin überzeugt, dass alle diese Beschreibungen mit vollem Ernst und Hingabe verfasst wurden. Doch so amüsant sie sich vielleicht lesen mögen, so dramatisch ist es, dass sie z. B. für eine Kaufentscheidung nicht wirklich nützlich sind. Gerade einmal 25 Prozent der Wörter werden ein weiteres Mal verwendet – Stichwort: Reproduktion!

Bei der Weinbeschreibung gibt es folgende Probleme:

- Sprache funktioniert dynamisch, Geschmack holistisch.
- Viele Wörter sind hedonischer Natur.
- Wörter werden unterschiedlich interpretiert.
- Empfindung und Wahrnehmung verschwimmen.
- Sprache ist sozialisationsabhängig.
- Es gibt keine direkte Verbindung zwischen Riech- und Sprachhirn.

⇒ Die Folge: Die verbale Reproduktion beträgt nur ca. 25 Prozent.

Ein weiteres Beispiel aus der Praxis, welches das Dilemma der unterschiedlichen Interpretation von Wörtern verdeutlicht:

Jemand kommt in eine Vinothek und sagt: „Ich hätte gerne einen guten Wein." – Der Verkäufer erwidert: „Wir haben nur gute Weine." Und er fragt: „Wie soll der Wein denn sein, damit er Ihnen schmeckt?" – Der Kunde darauf: „Trocken muss er sein.“ – Der Verkäufer erklärt: „Da habe ich einen sehr schön fruchtigen.“ – Der Kunde gibt zurück: „Nein danke, sauer mag ich nicht.“

Solche Kundengespräche gibt es leider sehr oft. Oder:

Ein Kunde kommt ins Weingut und beschreibt folgendermaßen, welcher Art Wein er sucht: „Leicht und trocken soll er sein, weil er gut verträglich und bekömmlich sein soll und leichte Weine ja auch eine harmonische Säure haben, aber halt nur dann, wenn sie trocken sind.“

Was hat der Winzer gehört? Was verstanden? Wie interpretiert er diese Kundenaussage?

Der Winzer lässt den Kunden einen Wein probieren, von dem er meint, dass er seinem Wunsch am nächsten kommt. Doch der Kunde fragt stirnrunzelnd: „Haben Sie auch was Gutes?“

Aussage und Erwartungen passten hier wohl nicht zueinander, Wörter wurden unterschiedlich interpretiert, weil es beiden Gesprächsteilnehmern offensichtlich an sensorischer Orientierung fehlte. Es wurden dokumentative, interpretative und hedonische Ebenen miteinander gemischt, und am Ende wusste weder der Kunde noch der Winzer, was wirklich gemeint war.

Wege aus diesem Sprachdilemma:

Je strikter man sich bei einer Beschreibung an Inhaltsstoffen orientiert, desto besser die Reproduktion, vorausgesetzt natürlich, der Zuhörer weiß, welche sensorischen Eindrücke sie in Nase und Mund hinterlassen.

Solche Beschreibungen lesen sich allerdings sehr analytisch und besitzen keinen Spaßfaktor: Sie sind nicht bildhafter Natur. Denn wir können nur in Bildern denken und nicht in abstrakten Sphären. Ein Beispiel: Keiner kann „20 Zentimeter“ denken, wir können uns aber eine Strecke von 20 Zentimetern gut vorstellen. Analog vermag sich niemand 5 Gramm Säure vorzustellen. Die Erinnerung an den Biss in eine saure Zitrone hingegen löst viele Reaktionen aus (merken Sie gerade, wie Ihnen der Speichel im Mund zusammenläuft? Das nennt man auch klassische Konditionierung). Wir können nicht in analytischen Aromen wie Thiolen oder Ester denken, wissen aber, wie Orangen, Ananas, Äpfel oder Birnen aussehen und welchen sensorischen Eindruck sie hinterlassen.

Ganz schwierig, sich etwas vorzustellen, wird es bei hedonischen Beschreibungen mit Adjektiven wie „gut“, „lecker“ und „toll“. Da fehlt jegliche bildhafte Assoziation. Solche Wörter sagen weder etwas über die Art noch über die Qualität eines Produkts aus.

Bei der Beschreibung eines sensorischen Eindrucks geht es also sowohl um Abstraktion und Analyse als auch um Bilder, Emotionalitäten und Erinnerungen:

Sprachliche Analyse zur Weineinteilung und -beurteilung

Fachlich, abstrakt, rational (quantitative Dokumentation)

Riechen:	Benennen von Aromen
Schmecken:	Benennen schmeckbarer Inhaltsstoffe
Spüren:	Benennen der Haptik, also fühlbarer Inhaltsstoffe, der Temperatur, …

Assoziativ

Vergleichen, relativ (das heißt im Verhältnis zu etwas anderem: größer/mehr als …)
Vergleichen, bildhaft (sieht aus/schmeckt wie …)
Vergleichen, subjektiv (persönliche Erinnerungen an Urlaub, …)

Hedonisch:	Beschreiben mit Adjektiven wie gut, lecker, harmonisch, …

Für Sie, liebe Leserin, lieber Leser, wird es in diesem Buch vielleicht etwas anstrengend, denn bildhafte und emotionale Anteile sind rar gesät. Ich werde mich insbesondere den analytisch-objektiven Verfahren widmen – wie auch den Kriterien, die erforderlich sind, um diese zu verstehen.

Da die Erwartungen an ein Produkt naturgemäß stark variieren können, lade ich Sie dazu ein, dies in den folgenden Kapiteln immer wieder zu reflektieren und sich bewusst zu machen, stets auf der Suche nach einem Verständnis dafür, wie unsere Sinne die Facetten und Ausprägungen von Weinen oder auch von der Kombination von Weinen und Speisen wahrnehmen können und wie der Transfer zur Sprache ablaufen kann, das heißt: wie diese Eindrücke beschrieben und beurteilen werden können.

Es reicht bei Weitem nicht, eine Erwartung als erfüllt oder als einer Norm entsprechend zu proklamieren, der allerwichtigste Teil ist es, die Erfüllung oder Nichterfüllung, also den Weg dorthin, zu erklären und transparent darzustellen sowie kausal zu begründen, das „Warum" zu klären. Ein Beispiel: Einen Wein mit z. B. 92 Punkten zu versehen ist eine Seite der Medaille, doch die Punktevergabe zu erklären – warum 92 Qualitätspunkte gegeben wurden und wie sie sich zusammensetzen –, das ist die andere Seite.

Klarheit, Nachvollziehbarkeit, Genauigkeit in der Sprache und trennscharfe Argumentation waren und sind die Motivationen für dieses Buch gewesen, um von Verallgemeinerungen und oberflächlichen Aussagen wegzukommen. Dem holistischen Kontext der subjektiven Wahrnehmung und deren Beurteilung stelle ich die Quantifizierung und Fraktionierung als Methoden zur Objektivierung der Wahrnehmungsbeurteilung entgegen. Nur darin kann ein ganzheitlicher Ansatz bestehen, nur so können wir Gehalt, Zustand und Bedeutung eines Produkts logisch und reflektierend verstehen und nachvollziehen.

Was bedeutet etwa „fruchtiges Aroma"? Aus welchen Inhaltsstoffen besteht es faktisch? Wie wirken die Komponenten sensorisch? Wie einsteht es in der Traube, wie im Wein? Wie nehmen wir Aroma überhaupt wahr? Es sind all diese und viele weitere Fragen der menschlichen Sinneswahrnehmung, womit sich die Sensorik beschäftigt. Eine durchaus komplexe, aber im selben Maße auch faszinierende Welt, in die ich Sie mit diesem Buch gerne mitnehmen möchte.

Eine gute Reise und viel Freude beim Erkenntnisgewinn wünscht

Ihr Martin Darting

P.S. Vieles von dem, was ich denke, sage und erkläre, ist möglicherweise im Ansatz so oder ähnlich schon einmal gedacht worden. Daher gebe ich, wenn ein Gedanke eindeutig nicht aus meinem Fundus stammt, Quellen in Anmerkungen an. Sie werden beim Lesen zudem feststellen, dass ich manche Sachverhalte wiederhole. Dies ist beabsichtigt, denn ich nähere mich den Themen aus verschiedenen Blickwinkeln und in jeweils unterschiedlicher Tiefe. Eigene sensorische Erfahrungen ließen sich so besser einteilen und in kausale Zusammenhänge bringen – ich kann da nur von mir ausgehen. Zum Beispiel lässt sich das Thema „Säure" sowohl im Kontext des Terroirs betrachten als auch in dem der Traube, dann in dem des Weins oder auch im Kontext der Kombination mit Speisen.

Kapitel 1: Der Geschmack als Prüfinstrument

Sobald ein Wein oder eine Speise in den Mund gelangt, beginnen Millionen und Abermillionen Zellen mit ihrer Arbeit. Eine Informationsflut, ausgelöst durch Aromen sowie fühl- und schmeckbare Stoffe, erreicht unser Hirn. Dort wird aussortiert eingeteilt und neu zugeordnet – und heraus kommt: „Schmeckt." oder „Schmeckt nicht." Und wenn es schmeckt, dann allzu oft auch sehr schnell „gut" oder eben „schlecht". Ein Produkt erfüllt also persönliche Vorlieben und Erwartungen – oder eben nicht.

Alle diese Informationen werden also sofort nach der Aufnahme eingeteilt und meist intuitiv in hedonische Muster gesteckt, die sich in jedem von uns sehr individuell bilden und ausprägen, deutlich abhängig von unserer Sozialisation, also davon, was wir kennen, erinnern oder mögen.

> „hedonisch": Das altgriechische Nomen *hedoné* ist die „Lust". Ein hedonisches Muster definiert sich also über das subjektive Gefallen – alles, was einem selbst subjektiv Lust bereitet.

Die verarbeitende Industrie weiß sehr genau, was vielen Menschen unserer Sozialisation „gut schmeckt" – ebenso wie der Sternekoch. Doch was bedeutet es, wenn auf Wein, Käse oder anderen Lebensmitteln Goldmedaillen prangen? Heißt das, diese Produkte haben einigen Menschen, eben jenen in der Jury, die die Medaille vergeben haben, gut geschmeckt? Und in der Folge stellt sich die Frage: Interessiert diese Menschen auch das, was anderen schmeckt? Vielleicht hätten diese „anderen" auch gerne selbst über „gut" oder „schlecht" entschieden, also ob das Produkt ihre persönlichen Vorlieben erfüllt oder im Rahmen des Genusses als angemessen befunden wird.

Was wird da eigentlich geprüft und vor allem wie? Hier bedarf es eines zweiten (und wahrscheinlich auch dritten und vierten) Blicks. Geschmack in der Definition, wie „man" das Wort gebraucht, als Zusammenspiel verschiedener Sinne, scheint jedenfalls wenig geeignet, um Lebensmittel *objektiv* zu prüfen, da die Vielfalt der Interpretation uferlos scheint. Der Subjektivität sind Tür und Tor geöffnet. Es ist stattdessen mehr Trennschärfe vonnöten. Wir müssen uns verabschieden von dem Wort „Geschmack" und vielmehr vom Riechen (Aroma), Schmecken (süß, sauer, salzig, bitter, umami und fettig) und Fühlen (Mundgefühl und Dynamik) reden.

Die Abbildung auf S. 13 verdeutlicht bereits ein paar wichtige Sachverhalte, die wir uns vergegenwärtigen müssen: Unsere Erwartungen an ein Produkt beinflussen unsere Beurteilung genauso wie subjektive Befindlichkeiten wie Hunger und Stress sowie Emotionalitäten wie Traurigkeit oder Freude (Emotionen verändern unsere Beurteilungsfähigkeit deutlich). Erinnerungen, Abneigungen und Vorlieben werden uns immer verleiten, subjektiv zu urteilen, und auch klassische Konditionierungen, die sich aus Erinnerungen manifestieren, beeinflussen unser Beurteilungsvermögen. Mit am stärksten beeinflussen uns visuelle Reize (im Faktor 80). Auch die Umgebung, in der

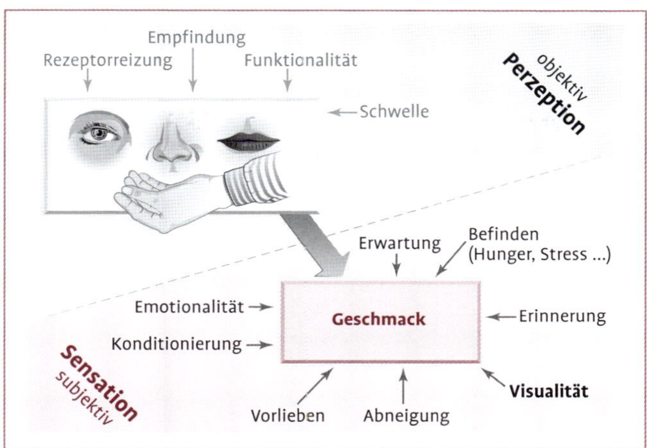

Abb. 1 Die Trennschärfe zwischen Reizaufnahme und Geschmacksbildung.

eine Degustation stattfindet, hat einen Einfluss: In einem schönen Ambiente schmeckt es einfach besser, und eine schön angerichtete Speise wird leicht besser beurteilt als eine lieblos servierte. Nicht umsonst heißt es: „Das Auge isst mit."

Wie also ordnen wir als Individuen bei Lebens- und Genussmitteln die Qualität ein?

In unserer durch Industrie und Verarbeitung veränderten (Um-)Welt gibt es auch bei Lebensmitteln fast keine Ursprünglichkeit mehr. Ein kleiner Trend „back to the roots" ist jedoch zu erkennen. Man (der Mensch allgemein) hat eine Vorstellung davon, wie es einmal war: Neben der subjektiven Beurteilung gibt es also noch eine intuitive Beurteilung – ein erster wichtiger Parameter.

Dieses intuitive Qualitätsverständnis ist angeboren, zwar in unterschiedlichen Sozialisationen etwas unterschiedlich ausgeprägt, aber trotzdem stets sehr ähnlich. Süße und Umami z. B. sind sicher an dieser intuitiven Beurteilung beteiligt. Lebens- und Genussmittel, Weine und Getränke mit Inhaltsstoffen, die diese Wahrnehmung auslösen, werden von uns Menschen schnell als gut, attraktiv animierend, begeisternd etc. bewertet.

Unser intuitives Qualitätsverständnis prägt uns bei jeder Beurteilung. Die Reflexion, sich das bewusst zu machen, ist ein wichtiger Vorgang zur Relativierung der eigenen Wahrnehmung und somit eine Methode, sich selbst aus dem Fokus der Beurteilung zu nehmen, stattdessen das zu prüfende Produkt in den Mittelpunkt zu stellen und so einen Beitrag zur Produktorientierung zu leisten.

Und wie gelingt eine möglichst objektive Beurteilung? Wie schaffen wir es, valide, unabhängige, glaubhafte und seriöse Informationen zu einem Produkt zu geben?

Ein Weg aus dem Dilemma führt darüber, Informationen so transparent und wertfrei aufzubereiten, dass jeder Mensch für sich entscheiden kann, welches Produkt seinen Bedürfnissen am besten entspricht – wenn er etwa ein möglichst originales, ursprüngliches Produkt kaufen will oder aber es einfach nur gut schmecken soll, egal wie es hergestellt wurde. Denn beim Konsumenten stehen immer das persönliche, subjektive Qualitätsverständnis sowie die Zweckangemessenheit im Vordergrund, also die Frage: Wofür brauche ich das Produkt? Diese Subjektivität wird vom Konsumenten in der Regel nicht reflektiert, sondern erfolgt automatisiert – was aber durchaus gerechtfertigt ist.

Wenn die sensorischen Parameter z. B. bei der amtlichen Prüfung von Geruch, Geschmack oder Harmonie aber nicht benannt sind, weil sie nicht dokumentiert werden (nach was genau riecht und schmeckt ein Brot oder Wein etc.?), sondern nur qualitativ mit gut oder schlecht bewertet wird, dann fehlt genau diese Orientierung. Der Konsument ist alleingelassen, bekommt keine Produktinformation, nichts über das „Wie". Manchmal erhält er allenfalls noch eine Information darüber, ob das Erzeugnis einer Norm, einem Zweck oder einer Anforderung entspricht. Und meist sind mehr oder weniger persönliche Vorlieben oder Abneigungen der Prüfenden mit im Spiel.

Sensorik und Sensoren

Die **Sensorik** steht als Sammelbegriff für das Zusammenspiel spezifischer Sinnesleistungen. Der Begriff leitet sich ab vom lateinischen *sensus* = Sinn. Ältere Begriffe wie „Organoleptik" oder noch allgemeiner „Degustation" werden mittlerweile seltener genutzt. Im umfassenderen Sinne werden heute auch instrumentelle „Messfühler" als Sensoren begriffen, sodass man bei dem, worum es uns hier geht, eigentlich einschränkend von Humansensorik sprechen sollte.

Nach der DIN-Norm **DIN 10950** versteht man unter Sensorik die Vorbereitung, Durchführung und Auswertung von **Prüfungen, bei denen mit den Sinnen wahrnehmbare Produkteigenschaften erfasst werden**. Aus den Urteilen der Prüfpersonen wird eine **objektive Aussage** über das **Lebensmittel** gebildet.

Doch sehen wir uns unsere **Sensoren** etwas genauer an: Im menschlichen und tierischen Organismus besteht ein einzelner Sensor in einer Zelle oder einem Zellteil, die bzw. der auf die Aufnahme von bestimmten Reizen spezialisiert ist. Physiochemisch gibt es vier Typen von Sensoren:

Sensoren und Sinnessysteme

Sensoren, die **mechanische Deformationen** registrieren (z. B. Hautzellen)

Sensoren, die **Änderungen der Temperatur** (Abkühlung/Erwärmung) registrieren (z. B. Hautzellen)

Sensoren, die auf **chemische Reize** reagieren (z. B. Geschmacks- und Geruchsrezeptoren)

Sensoren, die auf **Photonen** (Lichtimpulse) reagieren (die Stäbchen und Zäpfchen der Netzhaut)

Ich betone es noch einmal: Keiner weiß, wie eine Goldmedaille schmeckt oder was der Unterschied von 86 zu 90 Punkten bedeutet, wenn eine Beurteilung sich auf qualitative Parameter beschränkt und nicht anschaulich beschrieben wird, wie das Produkt schmeckt. Es braucht also ein System, das für den Menschen da ist. Und nicht umgekehrt. Der Konsument sollte in einem Prüfergebnis etwas erfahren über: Normen, Zweckeignung, Orientierung am Original und am Ursprünglichen. Ein Beispiel:

Ein Stück Butter, hergestellt auf einer Alm unter einfachsten Bedingungen, unterscheidet sich sensorisch vollkommen von einer Industriebutter. Die Produkteigenschaften dieser

> ursprünglich hergestellten Butter müssen im Rahmen einer Prüfung benannt werden und in die Qualitätsbeurteilung mit einfließen, bei der sensorischen Beschreibung jedoch (Wie schmeckt die Butter?) müssen sie außen vor bleiben.
> In die Bewertung der Butter könnte auch einfließen, dass die Wildheit der Natur in einem vom Menschen unberührten Gebiet dem Original in seiner Unversehrtheit entsprechen. Es ginge hier um ökologische Gesetze und originäre Gegebenheiten und deren Erhaltungsansprüche in Abgrenzung zu einer Kulturlandschaft, die geprägt ist durch menschliche Maßnahmen wie Bergwiesenbeweidung durch Milchvieh, Plantagen für Gemüseanbau, Monokulturen aller Art (auch der Weinbau gehört dazu), allgemein: mehr oder weniger extensive oder intensive Landwirtschaft.

Dieses Beispiel zeigt, dass sich eine Bewertung nicht mit „gut" oder „schlecht" erschöpft, sondern dass vielfältige Parameter einfließen müssen – im Hintergrund könnten auch Fragen stehen wie: Welches Produkt ist besser für die Arterhaltung oder Biodiversität? Welches wird den Ansprüchen der Agrarindustrie eher gerecht?

Kurz: Die Produktinformation ist eine essenzielle Grundlage der Beurteilung.

Grundlagen der menschlichen Wahrnehmung

Was für den einen wahr ist, muss für einen anderen noch lange nicht wahr sein. Das liegt aber nicht daran, dass ein spezieller Reiz nicht allen gleich zur Verfügung stehen würde (Perzeption), sondern daran, wie dieser aufgenommen, weitergeleitet und letztlich verarbeitet wird.

Am Anfang einer Wahrnehmung steht der Reiz, ein Signal aus der Umgebung, in der wir als Menschen agieren. Diese Reize (Input) werden gleich verarbeitet, jedoch unterschiedlich bewertet. Die Verarbeitung läuft folgendermaßen ab:

> Reiz → Reizaufnahme (über Rezeptorzellen) → Reiztransformation (Verwandlung in Aktionspotenzial, in Signale) → Verarbeitung der Signale in den spezifischen Hirnregionen (z. B. im olfaktorischen oder im gustatorischen Zentrum): Es wird filtriert, differenziert, verglichen (Konvergenz: Annäherung; Divergenz: Abweichung), gehemmt oder aber verstärkt (synästhetische Reize: Mehrfachreizung; Summation: verstärkende oder aufhebende Wirkung gleichzeitiger Signale). → Aus der Perzeption wird die Sensation oder Kognition, die Erkennung und somit die Wahrnehmung.

So kommt es, dass man bei Zucker (Kohlenhydrat) Süßes schmeckt, dass elektromagnetische Wellen als Licht wahrgenommen werden, dass Ionen einen salzigen Geschmack ergeben, usw.

Bei Wiedererkennung kommt es zu: Abgleichen, quantitativer Abstimmung, Ins-Verhältnis-Setzen, Vergleichen, Assoziieren, Ableiten, Korrelationen (Erkennung von Zusammenhängen, wobei nicht gesagt ist, welche Variablen sich wie gegenseitig beeinflussen) und Kausalität (wenn der Ursachen-Wirkungs-Zusammenhang klar definiert ist).

Auf Basis dieses Abgleichens kann man sich Fragen stellen wie: Wie beeinflusst der Boden den Wein? Welchen Einfluss hat die Hefe, welchen die Rebsorte, welchen der Mensch? Wie und ob Korrelationen auch nachweislich kausal sind, ist Prüfgegenstand. Falls aus der Prüfung eine Handlung erfolgt, erzeugt diese wiederum einen Reiz, der eine neue Reaktionskette auslösen kann.

Die Reizweiterleitung im Detail

Der anfängliche geringe elektrische Reiz wird mannigfaltig in der Reizweiterleitung geformt und moduliert (neuronale Plastizität). Die elektrischen Reize (Depolarisationen) oder Ionenströme verändern das Potenzial in der Zelle. Ab einer gewissen Intensität kommt es zum Überschreiten eines Schwellenwerts. Gleichzeitige Reize addieren sich und können sich gegenseitig verstärken (Summation und Amplifikation). Gleichzeitige verschiedene Reize können miteinander verschmelzen (integrativer Crosstalk). Oder aber das Erregungspotenzial verringert sich, und es kommt nicht zur Schwellenüberschreitung, somit nicht zur Reizweiterleitung und auch nicht zur Wahrnehmung, jedoch zu einer unbewussten perzeptionellen Wirkung.

Die Reizweiterleitung unterliegt nutzungsspezifischen Aktionen, deren neuronales Netz formbar ist. Durch Lernen und gezieltes Training kann man erreichen, dass die neuronalen Strukturen sich nachhaltig vernetzen, da die Erregung von innen („metabotrop") und von außen („ionotrop") erfolgen kann, also von beiden Seiten her. Hier soll auch der Begriff der (Signal-)Transduktion fallen, der die multisensorischen Reaktionen erklären kann. Durch Hormone, Proteine, Steroide, Serotonin, Dopamin und diverse Duftstoffe lassen sich Mehrfachreizungen aus einer Quelle darstellen. So erklären sich auch langsame und schnelle Reizweiterleitungstypen neuronaler Struktur durch Hemmung bzw. Verstärkung synaptischer Reize.

Die sensorische Wahrnehmung

In Mund und Nase befinden sich genauso wie im Ohr und in der Haut unzählige Nervenenden mit Rezeptoren. Rezeptoren sind Detektoren, molekulare Zellstrukturen, die auf spezifische Signalmoleküle, z. B. unterschiedliche Eiweiße, Ionen, elektrochemische, physikalische oder mechanische Reize, reagieren können und diese als elektrische Reize weiterleiten (Signaltransduktion) und somit Empfindungen (Perzeptionen) auslösen. Das Ganze funktioniert nach dem „Schlüssel-Schloss-Prinzip".

Die Reizaufnahme, deren Weiterleitung und damit die Perzeption läuft bei allen Menschen physiologisch zunächst zu 95 Prozent gleich ab. Wenn das nicht so wäre, wären z. B. in der Medizin Therapien und Medikationen sinnlos und müssten stattdessen in viel stärkerem Maße, als dies tatsächlich geschieht, individuell zugeschnitten werden. Doch angesichts der komplexen Kombinationen gibt es durchaus gewisse Unterschiede, die auch zeitlichen Komponenten unterliegen, wie z. B. Abbau, Aufbau und Regeneration. Auch Reaktionsschnelligkeit und Intensität können abweichen.

Beim ersten Kontakt mit etwas verläuft die Erkennung unterschwellig (Beispiel: Töne beim Ohrenarzt, Licht nach Dunkelheit, Süße im Kaffee/Wein). Dieses unterschwellige Erkennen ist die Empfindung oder Perzeption. Der Reiz durch einen Ton oder durch einen Zucker (wie in der Grafik auf S. 17) ist zwar schon da, aber wird noch nicht wahrgenommen (bis zur dunkelgrauen Linie in der Grafik auf S. 17).

In diesem intuitiven, vermeintlich unwichtigen, denn nicht wahrgenommenen Bereich der sensorischen Reizaufnahme kann es jedoch schon zu emotionalen Wirkungen kommen, die allerdings ebenfalls unbewusst erfolgen. Dieser intuitive Bereich ist daher von wesentlicher Bedeutung. Hier funktionieren wir alle gleich!

Und genau bei diesem unbewussten Zustand setzt die Manipulation an, etwa in der Werbung. Oft werden dort archaische Muster getriggert wie Hunger, Lust, Appetit, Gier, Sehnsucht, meist in perzeptionellen Kombinationen aus visuellen, auditiven, olfaktorischen Reizmustern (Fernreize). Was

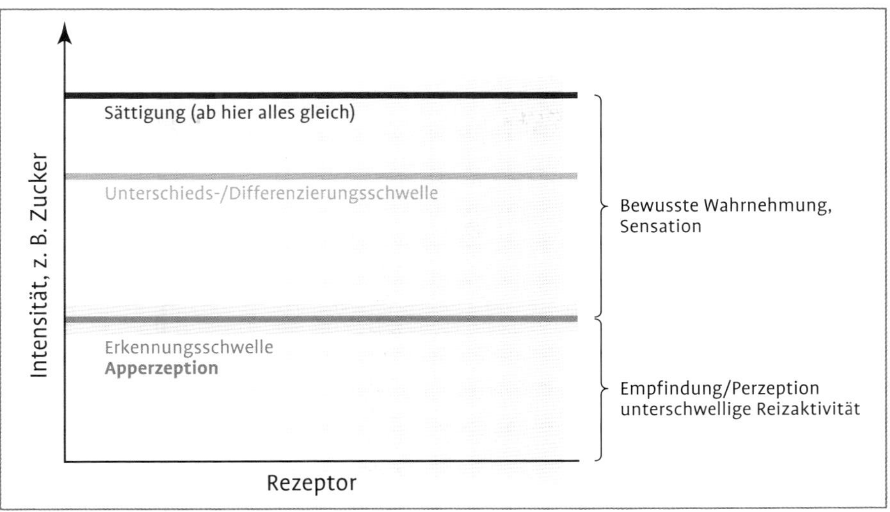

Abb. 2 Schwellen sensorischer Reizaufnahme.

wäre der Einkauf beim Bäcker ohne den Duft frischen Brots? Ein Waschmittel, das sauber wäscht ohne Duft, würde niemand kaufen. Der intuitive erste Eindruck in einer Hotellobby entscheidet darüber, wie wir die Qualität des Hotels einstufen. Der Duft nach Lackspray bei einem Gebrauchtwagen hat manchen schon verleitet, zu viel Geld dafür zu bezahlen. Es ließen sich noch viele solche Beispiele anschließen.

Zur bewussten Wahrnehmung (Sensation) kommt es durch Reizintensivierung. Eine Wahrnehmung, die ursprünglich aus einem objektiven Reiz entstanden ist, kann (sowohl bei geübten als auch bei ungeübten Verkostern) nur subjektiv beschrieben und beurteilt werden. Das heißt: Sobald ein Reiz bewusst wahrgenommen wird, fängt die subjektive Interpretation an. (In der Grafik befinden wir uns nun oberhalb der dunkelgrauen Linie.)

Angestrebt wird in der professionellen Verkostung allerdings die objektivierbare Wahrnehmung ohne Interpretation, die Apperzeption. Gemeint ist damit z. B.: Süße wahrnehmen, aber nicht interpretieren, etwa als gut oder schlecht, sondern sie nur quantitativ dokumentieren (QDA: Quantitative dokumentative Analyse = PAR), als mehr oder weniger intensiv. Die Erkennungsschwelle ist von Mensch zu Mensch leicht unterschiedlich, abhängig von der Sozialisation und den subjektiven Vorlieben und Abneigungen, also z. B. davon, was man öfters und gerne isst oder eben nicht.

Eine weitere Reizverstärkung ermöglicht in der folgenden dynamischen Wahrnehmung die Differenzierung, wenn etwa unterschiedlich schmeckbare Zucker oder Säuren in Intensität und Art ihrer Wirkung und in der zeitlichen Abfolge unterschieden werden: Glukose vs. Fruktose, Apfelsäure vs. Weinsäure, etc. Die Differenzierungsschwelle kann durch regelmäßiges Üben herabgesetzt werden.

Ab einer gewissen Intensität und Häufigkeit des Auftretens gewöhnt sich der Rezeptor an den primären Reiz. Eine

Reizintensivierung wird nun nicht mehr wahrgenommen bzw. differenziert. Diesen Effekt nennt man Sättigung. Beispiel: Beim Testen verschiedener Parfums kommt es schnell zu Sättigung – alles riecht scheinbar ähnlich oder gar gleich. Beim Wein erfolgt die Adaptation nicht ganz so schnell, da es sich um viel mehr, aber weniger intensive Aromen handelt.

Ziel der Sternegastronomie und Spitzenwinzer ist es, sich mit den Inhaltsstoffen ihrer Produkte im Bereich der bewussten Wahrnehmung zu bewegen und die größte Sensation für den Kunden herauszuarbeiten. Wenn man zu Hause vom Winzerbesuch erzählt und ihn als „sensationell" beschreibt, dann hat der Winzer alles richtig gemacht. Wie die Empfindung ist die Wahrnehmung verschiedener Reizintensitäten abhängig von Motivationen wie z. B. Hunger, Durst, Müdigkeit, Stress etc. Bei Degustationen und Beurteilungen von Lebensmitteln ist dies der Grund, weshalb es einer Kalibration bedarf. Bei einer solchen geht es um Normen, Standards, Orientierung, die die Messgenauigkeit garantieren und so eine möglichst hohe Objektivierung und damit einhergehende reproduzierbare Argumentation und wertfreie Dokumentation des Reizes sowie Reflexion (sich bewusst machen, was gerade passiert) und die Herstellung kausaler Zusammenhänge zur Reizquelle ermöglichen. Letztlich geht es hier auch um die Glaubwürdigkeit eines Testverfahrens samt seinen Ergebnissen.

Das Erkennen spezifischer Aromen oder schmeckbarer Inhaltsstoffe setzt voraus, dass man die eigene Wahrnehmungsschwelle kennt und um die spezifische Wirkung dieser Inhaltsstoffe weiß. Diese Sinnesleistung muss ständig geübt werden und bedarf nicht unerheblicher Kognition und Reflexionsvermögens. Es bedarf somit auch der Disziplin, denn es ist anstrengend, sich ständig veränderbaren Situationen zu stellen, diese zu erkennen, sich bewusst zu machen und zu lernen, sie richtig einzuschätzen, um sie letztlich zu beurteilen.

Der Gewöhnungseffekt (Adaption und Habituation)

Zur Erinnerung: Im Rahmen der Transduktion wird der physikalische Reiz zuerst in ein elektrisches Rezeptorpotenzial umgewandelt und anschließend bei der Transformation in Form eines elektrischen Signals in das zentrale Nervensystem weitergeleitet (siehe Kasten auf S. 16).
Je nach Rezeptor ist das Adaptationsverhalten langsamer oder schneller: So gibt es SA- (slow adaptation), RA/FA- (rapid/fast adaptation) und PC-Sensoren (PC steht für Pacini-Körperchen; es handelt sich um Berührungsrezeptoren, die etwa den Reiz durch CO_2-Bläschen verarbeiten). Das heißt: Die haptischen Ereignisse unterliegen langsamer oder aber schneller der Gewöhnung. Die, bei denen Dynamik gemessen wird, also Veränderbarkeit und Geschwindigkeit, adaptieren schneller.

Wo es um Haptik geht, wie beim Mundgefühl, hat man einen Proportionalrezeptor. Inotrope Rezeptoren (sie reagieren auf sauer/salzig) sowie metabotrope mit G-Protein (sie reagieren auf bitter/süß) unterliegen einer mittleren bis langen Gewöhnungszeit. Bei einem primären Reiz ist die Sensitivität einerseits und die Transduktion andererseits überproportional. Das bedeutet z. B., dass ein Löffel Zucker anfangs fast doppelt so süß schmeckt wie später die doppelte oder dreifache Menge. (Siehe die rote Linie in der Grafik auf S. 19.)

Wahrnehmung erfolgt also nicht linear, sondern exponentiell, je nach Rezeptorart und Art des spezifischen Reizes. Daher sollte man z. B. nie ausschließlich Ries-

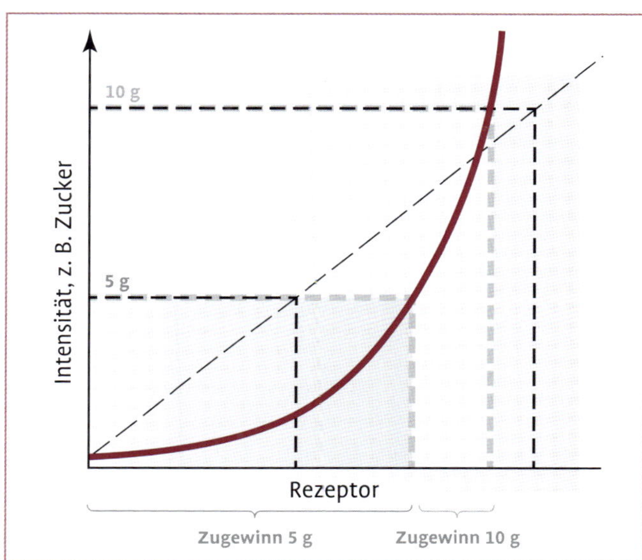

Abb. 3 Die exponentielle Reizverarbeitung.

linge nacheinander probieren, weil die Säurebeurteilung immer schwieriger wird. Und Weinproben, die nach ansteigendem Restzuckergehalt organisiert sind, sind aufgrund der Adaption geradezu prädestiniert für Fehlbeurteilungen. Daher sind Kalibrationen so extrem wichtig bei steigenden Schwellenwerten (Sensualitätsverlust), wenn z. B. mehr als vierzig Weine pro Tag verkostet werden.

Es gibt aber Möglichkeiten, der Adaption entgegenzuwirken: eine echte Neutralisation mit „0,9 % Isotone NaCl"-Lösung und Probenpausen. Gereichte Brötchen oder gar Käse oder gesalzene Nüsse, wie z. B. in Spanien üblich, erbringen keine Neutralisation und sind somit im Rahmen einer Fachverkostung grober Unfug und bei Profiweinproben vollkommen inakzeptabel.

Übertragen auf den Alltag lässt sich für Wein dasselbe sagen wie für Parfüm oder das Öl in der Küche: um dem Gewöhnungseffekt entgegenzuwirken und die Sensitivität zu erhalten, öfter mal wechseln oder auch regelmäßig Phasen des Verzichts einbauen.

Vorlieben

Für die Mehrheit der Konsumierenden gilt: Je mehr ein Produkt den persönlichen Vorlieben entspricht, desto besser wird es beurteilt. Auch professionelle Tester sind vor dieser Versuchung nicht gefeit, wenngleich sie sich eigentlich von subjektiven Urteilen freimachen sollten. (Aussagen wie: „Das ist aber ein tolles Aroma, dem gebe ich viele Punkte." darf es nicht geben, wenn das Ziel eine unabhängige, möglichst objektive Beurteilung ist – denn nur weil jemand subjektiv ein Aroma „toll" findet, ist dieses Aroma noch lange nicht von objektiver Qualität.)

Vorlieben sind bekanntermaßen von Mensch zu Mensch unterschiedlich. Sie sind vor allem sozialisationsbedingt und unterliegen Belohnungs- und Gewöhnungsprozessen. Untersucht man aber die Gemeinsamkeiten von „gut schmeckenden" Produkten, dann zeigen sich vor allem folgende Sachverhalte:

- Je mehr neurologische Prozesse an der Wahrnehmung beteiligt sind, desto aufmerksamer und bewusster agiert der Prüfende – und oft beurteilt er das Produkt dann als besser.
- Je eindeutiger z. B. ein Aroma oder ein schmeckbarer Stoff (z. B. Süße) erkennbar ist (Differenzierungsschwelle), desto besser wird das Produkt bewertet.
- Je farbintensiver und farbdifferenter das Produkt ist, desto höher ist die sensorische Erwartung des Prüfenden.

⇒ Ganz allgemein könnte man folgern: Je aromatischer, je deutlicher schmeckbar und fühlbar und je farbintensiver das Produkt ist, desto besser wird es intuitiv beurteilt.

Weil die Versuchung, subjektive Vorlieben mit „Qualität" gleichzusetzen, so groß ist, werden viele Lebensmittel, auch Weine, auf die Vorlieben einer Sozialisation hin getrimmt: Es wird entwickelt, was dem sogenannten Mainstream entspricht. Was muss passieren, damit etwas als „gut schmeckend" beurteilt wird? Folgende Parameter spielen hier eine Rolle:

- klare, intensive Farbkontraste,
- viskoses Fließverhalten, gut spürbare haptische Ereignisse (Biss, Mundgefühl),
- das Vorhandensein einer Salz-/Mineral-Säure-Kombination,
- das Vorhandensein von Süße,
- das Vorhandensein von Umami und Kokumi und somit
- das Vorhandensein von eindeutigem Aroma.

Die Beurteilung von Wein damals und heute

Seit jeher haben Menschen ein intuitives Verständnis von Qualität – und das gilt nicht nur mit Blick auf den Wein. In der Wissenschaft ist man sich einig, dass sich intuitive Vorlieben einerseits aus genetischen Gegebenheiten ableiten lassen, andererseits sich aber auch entwickeln. Was den Menschen zu jeweiligen Zeiten „gut schmeckte", unterlag und unterliegt Veränderungen des Angebots, der Sozialisation und der Tradition. Jede Zeit und jede Kultur hatte und hat Lieblingsausdrücke, um ihre Begeisterung über ein Lebensmittel oder seine Haptik in Worte zu fassen, wie: „langer Abgang", „viel Druck auf der Zunge", „mineralisch", „feine Tanninstruktur/Säurestruktur", „der ist dusty, silky", „der klingelt" – oder auch im Dialekt „a Maul voll Woi", „a Göschle voll Vie", „der ist anmächelisch", „der hat Bumbs" …

Bis zum Beginn des 20. Jahrhunderts waren es die Lagen und die Herkünfte, die die Qualität und vor allem den Unterschied von Weinen ausgemacht haben. Hinzu kamen die Jahrgänge, denn die jeweiligen Wettereinflüsse prägen die Trauben und so auch die später daraus entstehenden Weine. Alle Winzer hatten damals mehr oder weniger die gleichen technischen Möglichkeiten bei der Weinbereitung zur Verfügung. Das heißt, die Trauben wurden alle vergleichbar behandelt.

Eine Verschiebung und gravierende Veränderung geschah mit dem Einsatz von synthetischem Stickstoff, wodurch man das Wachstum der Rebe, die Erntemenge pro Stock und somit die Dichte der Weine beeinflussen konnte. Die Dichte war sensorisch schon immer ein Hauptkriterium, was Schwere und Dynamik eines Weins anbelangt: Mundgefühl, Länge, Intensität und

Holistik (Gesamterscheinung) variieren je nach Dichte.

Mit der Zunahme der Technisierung in Weinberg und Keller, des Know-hows um chemische Zusammenhänge bei der Weinwerdung und der forcierten Schulung und theoretischen Unterweisung, der Ausbildung zum Winzer oder mit dem späteren Hochschulstudium für Önologen wurden die Unterschiede zwischen Weinen mehr und mehr durch die Vinifikationsmaßnahmen geprägt und immer weniger durch die Herkünfte und Rebsorten. Terroir und Winemaking konnten sensorisch nicht mehr eindeutig getrennt und zugewiesen werden. Es formte sich das Bewusstsein der Stilistik. Verkostungen gab es nun z. B. organisiert nach Klima („Cool vs. Hot Climate") oder eben nach moderner vs. traditioneller Stilistik. Weine lassen sich aber solchen Kategorien nur sehr grob zuordnen und eben nicht eindeutig und klar.

Was bedeutet nun Qualität unter diesen Gesichtspunkten – Terroir, Stilistik und Machbarkeit? Es ging noch immer um das „gute Schmecken", aber man versuchte, Weine immer spezifischer auf Zielgruppen, Sozialisationen und Requirements (Zweckangemessenheiten) abzustimmen. Mit dem neuen Know-how konnten gravierende Mängel wie Verderb und Instabilität mehr und mehr verhindert werden. Es wurden sogenannte Weinfehler definiert und beurteilt, allerdings von den Nationen durchaus unterschiedlich. Weinwettbewerbe waren von „schmeckt" vs. „schmeckt nicht" geprägt. Als gut galt, was gefiel oder sich gut verkaufen ließ. Das Zeitalter der Qualitätspunkte hielt Einzug: Wichtige Leute aus der Weinszene, aus dem Handel und assoziierten Berufsbildern beurteilten Weine nach ihren Vorlieben, vergaben Punkte zwischen 1 und 100 und urteilten, ob sie mehr dem Original oder (marktorientiert) einer gewissen Zweckangemessenheit entsprachen. Die Winzer selbst waren zunächst bei der Beurteilung ihrer Weine außen vor.

Beurteilt wurde und werden bis heute folgende Kriterien:

- Aussehen,
- Geruch,
- Geschmack und
- Harmonie.

Sie sind auch der Schwerpunkt der Schulung und der Produktbewertung bei der DLG.[1] Allerdings sind diese Parameter nicht definiert: Keiner weiß, was Harmonie oder guter Geschmack bedeutet.

Die qualitativen Bewertungen sind:

- sehr gut
- gut
- befriedigend
- ausreichend und
- mangelhaft entsprechend anerkannten Mängeln.

Anerkannte Mängel entwickelten sich zum Ausschlusskriterium, zuerst aus Sicht des Verbraucherschutzes, doch später übernahmen auch fast alle Anbieter von Wettbewerben und Verkostungen diese Vorgehensweise. Was ein guter und was ein schlechter Wein ist, war somit definiert nach fehlerfrei vs. fehlerhaft – ein schwarz-weißes Qualitätsverständnis. Die Fehlerdefinitionen werden bis heute sehr wenig infrage gestellt.

Um den immer komplexer werdenden qualitativen Anforderungen des Handels (Deutschland, EU, internationaler Export und Import) und Verbraucherschutzes (Hygiene, Verträglichkeit, mikrobiologische Unversehrtheit und Stabilität der Weine) gerecht zu werden, wurden Normen und Standards definiert, deren Erfüllung trotz unterschiedlicher Produktionen die Echtheit und Unversehrtheit garantieren sollten und sollen. Abfüller, Genossenschaften, Erzeugergemeinschaften, Kommissionäre und Labore lassen sich nach der EU-Norm ISO 17024:2003 und der QM Zertifizierung ISO 9000 akkreditieren. Auch bei der DIN EN ISO/IEC 17065 geht es mehr um organisatorische Normen (BRC IFS etc.) und Audits denn um sensorische Schulung.

In Deutschland wurden mit dem Weingesetz im Jahr 1971 sogenannte Voraussetzungskriterien für „deutschen Qualitätswein" als genormtes Audit definiert: Jahrgang, Qualitätsstufe, Sortentypizität, Herkunftstypizität, Fehler etc. Danach erfolgt bis heute die Beurteilung in 5-, 20- oder 100-Punkte-Skalen, ob bei der DLG, bei staatlichen Institutionen wie der Kammer oder bei akkreditierten Labors zu Lebensmittelsicherheit wie z. B. Fresenius.

In anderen Ländern folgten vergleichbare, aber nicht identische Beurteilungsschemata. Die OIV (Internationale Organisation für Rebe und Wein) als übergeordnete international agierende und beratende Institution verabschiedete zur Harmonisierung und Vereinheitlichung des Bewertungsprozesses ein ebenfalls auf 100 Punkten basierendes System zur qualitativen Weinbeurteilung. Mittlerweile haben es viele staatliche und private Organisationen übernommen, es wird jedoch oft abgeändert und „angepasst".

Bei Veröffentlichungen von Verkostungsergebnissen steht immer dabei, nach welchem Schema verkostet wurde: „DLG 5 Punkte", „Kammer 20 Punkte" …

Die Verkoster als „Fachleute" müssen bis dato keine einheitlichen fachlichen Qualifikationen nachweisen. Sie arbeiten natürlich nach bestem Wissen und Gewissen, doch eine Überprüfung und Validierung der Prüferaussagen oder auch eine Begründung, warum sie wie viele Punkte gegeben haben, findet nicht statt. Und eine Offenlegung von Prüfungsparametern, Vorgehensweisen, Ableitungen oder kausalen Zusammenhängen, die die Ergebnisse nachvollziehbar machen würden, kann es nicht geben, weil ein einheitliches Vorgehen weder vorgegeben noch gefordert oder gewollt ist: Der Prozess, wie ein Prüfer zu seinem Urteil kommt, ist nicht definiert, sondern vollkommen willkürlich, das Ergebnis somit subjektiv. Weder sensorische noch fachlich-kausale Kalibrationen werden durchgeführt. Die Einteilung und Beurteilung von Typizitäten und Signifikanzen unterliegen vollkommen freien, konstruktivistischen Meinungen.

Allenfalls werden Tendenzen aus arithmetischen Mittlungen in diskriminierender Form abgeleitet und als Orientierung ausgesprochen. Oft einigt man sich in der Gruppe auf ein Mittelmaß. Ziel ist es, die Gruppen von Prüfern so zusammenzusetzen, dass möglichst homogene Ergebnisse (Punkte) mit wenigen Streuungen und Abweichungen in proportionaler Gleichmäßigkeit erzielt werden. Weit auseinanderliegende Punkte werden dann vom Tischleiter einer Gruppe „angeglichen". Das versteht man dann unter Glaubwürdigkeit, Objektivität, Transparenz und Nachvollziehbarkeit.

Kapitel 2: Die Testung nach dem PAR-System

Weil ich persönlich nie verstanden habe, wie 88 Punkte schmecken und wie sie sich zu 89 unterscheiden, habe ich das PAR-System entwickelt. Ich wollte nie wissen, ob ein Wein gewissen Leuten geschmeckt hat oder nicht, sondern mir ging es immer schon darum, warum ein Wein so schmeckt, wie er schmeckt, und wie man das beurteilen kann nach objektiven Gesichtspunkten.

Bei einer Beurteilung gemäß dem PAR-System geht es daher nicht nur darum, den Geschmack an sich zu bewerten, sondern auch darum, Zusammenhänge herzustellen. Deshalb müssen Winzer, wenn sie einen Wein zur Beurteilung einreichen, Herkunft und Machart (Terroir und Stilistik) möglichst genau beschreiben (das **P** in PAR steht für „Produktinformation"). Auch chemisch analytische Daten und deren Interpretation spielen eine Rolle. All diese Daten zusammengenommen können im Rahmen eines PIM („Product Information Management") gesehen werden.

Zu gleichen Teilen fließen die folgenden Parameter in die Bewertung ein:

- Herkunft,
- vom Winzer angegebene Machart,
- marktorientierte Trinkbarkeit (Drinkability)
- sowie die Gesamtheit des sensorischen Inputs.

Zur Verdeutlichung hier zwei Fragen, die sich ein PAR-Jurymitglied stellen würde: „Ist eine gewisse schmeckbare Säure gut oder weniger gut für einen bestimmten Wein bestimmter Machart und Herkunft?" Oder: „Ist ein bestimmtes Aroma für ein Olivenöl von fachlicher Seite her schlecht oder gut, je nachdem wo die Olive gewachsen ist oder das Öl produziert wurde?"

Die Vergleichbarkeit aller Weine dieser Welt liegt in ihrer Inhaltsstofflichkeit, die je nach Herkunft und Anbau unterschiedlich ausfällt. Die prägendsten Faktoren wie Aussehen, Aroma, Süße, Säure, Phenole etc. werden bei einer Testung nach dem PAR-System in einer Skala von 1 bis 10 rein quantitativ dokumentiert (das **A** in PAR steht für „Analyse"). Es entsteht somit eine sensorische Profilierung des geprüften Produkts: Wir wissen nun nicht mehr nur, was in dem Produkt enthalten ist (P), sondern auch, wie es insgesamt schmeckt, riecht oder sich anfühlt (holistisch), bzw. sogar, wie die unterschiedlichen Inhaltsstoffe einzeln schmecken, riechen und sich anfühlen. Wie lange wirken Aromen im Nachgeschmack oder wie rau oder weich fühlt sich z. B. ein Brot im Mund an?

Jeder einzelne Parameter wird schließlich im Verhältnis zu den Qualitätskriterien sowie zu den Produktangaben beurteilt (das **R** in PAR steht für „Ranking"): Wie verhält sich das Produkt beim Parameter x im Verhältnis zur Ursprungsnorm oder -verarbeitung oder zu ähnlichen Produkten? Die vergleichbare Norm hierfür liegt im kausalen Zusammenhang zwischen Inhaltsstoffen und ihrer sensorischen Wirkung auf die menschlichen Sinnesorgane.

P – Produktinformationen
z. B.: Herkunft, Sorte, Stilistik, Analysedaten.
⇒ Ermöglicht die Beurteilung im Hinblick auf Herkunft, Eigentypizität und Machart (Individualprüfung statt Normprüfung)
A – Analyse
Systematische sensorische Analyse durch Auge, Nase und Mund: Wie sieht das Produkt aus? Wie riecht es? Wie schmeckt es?
⇒ Aus den sensorisch wirksamen Inhaltsstoffen und deren quantitativer Dokumentation (d. h.: von wenig bis viel) entsteht ein Profil. Ergebnis: Das Wissen, WARUM das Testprodukt so schmeckt, wie es schmeckt.
R – Ranking
Die analytisch dokumentierten Inhaltsstoffe werden nun qualitativ bewertet – immer bezogen auf die Herkunft/Stilistik des Produkts sowie auf den Markt.

Bei der Lebensmitteltestung nach dem PAR-System geht es also auch darum, Unterschiede festzustellen – möglichst zum Original als Norm – und sie an den Verarbeitungsschritten, die ein Original verändern, nachzuvollziehen (Stilistik). Je nachdem, wie ein Korn oder eine Frucht, Milch oder andere ursprüngliche Produkte verarbeitet werden, wird ein anderes Ergebnis erzielt. Wurde z. B. der Laib Brot auf meinem Tisch handwerklich oder industriell hergestellt? Ökologisch oder konventionell? In der Region oder weiter weg (regionale vs. globale Produktion als die beiden Extreme)? Wie sehr sind die Zutaten verarbeitet und aus welchen Inhaltsstoffen bestehen sie? In wie weit wurden sie verändert? Welche Stoffe wurden zugesetzt?

Verbraucher erhalten durch die PAR-Beurteilung Produktsicherheit sowie eine sensorische Produktanalyse und können bereits auf dieser Basis beurteilen, ob das Produkt zu den eigenen Vorstellungen passt oder nicht. Bei Bedarf gibt es dann noch eine qualitative Orientierung durch Fachleute.

Getestet wird bei PAR in Zweier- oder Dreiergruppen, und die Tester diskutieren ihre Eindrücke, korrigieren sich gegenseitig und finden ein gemeinsames Ergebnis, das sie nachvollziehbar begründen. Im Unterschied dazu stehen konventionelle Prüfverfahren, bei denen am Ende das arithmetische Mittel von sechs, acht oder zehn Testern genommen wird, die zu unterschiedlichen Zeiten, zwar bei identischen äußeren Bedingungen, aber vollkommen unkalibriert und vor allem unreflektiert und nicht validiert (überprüft) ihr Prüfergebnis ohne Begründung, also subjektive Interpretationen, abgegeben haben: Ein solches Ergebnis spiegelt gerade nicht die Ursprungsqualität oder handwerkliche Kompetenz des Winzers wider.

Der PAR-Bogen

Aus den Einschätzungen, die in den PAR-Bogen (siehe Abbildung auf S. 25) eingetragen werden, ergibt sich ein Degustationsschema (siehe Abbildung auf S. 26), das die wahrgenommenen visuellen (sehbaren), olfaktorischen (riechbaren), gustatorischen (schmeckbaren) und haptischen (erfühlbaren) Inhaltsstoffe im Wein zeigt.

Mit einer solchen systematisch-sensoanalytischen Vorgehensweise lässt sich die „Komplexität“ eines Weins in einzelne Inhaltsstoffgruppen fraktionieren und dokumentieren. Mit Übung und konsequenter Systematik lassen sich die Gruppen erkennen, zuordnen und beurteilen. Daraus, wie sich die Einzelkomponenten in Mund und Nase darstellen, lassen sich dann Aussagen zu Herkunft, Boden, Verarbeitungsstil, Sortenmerkmalen, Hektarerträgen usw. treffen.

PAR

Fehler Hilfe? [ ]

Mängel/Fehler/Krankheiten [ ]

		brillant fruchtig							üppig würzig			
Ausbauart	reduktiv	O	O	O	O	O	O	O	O	O	O	oxidativ

	Analyse – Quantitative Einschätzung											Ranking – Qualitative Einschätzung										
	wenig → deutlich			signifikant erkennbar								Fehler					trinkbar → besser geht's nicht					
	00	01	02	03	04	05	06	07	08	09	10	00	01	02	03	04	05	06	07	08	09	10
A Aussehen insgesamt																						
Klarheit	O	O	O	O	O	O	O	O	O	O	O	O	O	O	O	O	O	O	O	O	O	O
[ ] *	O	O	O	O	O	O	O	O	O	O	O	O	O	O	O	O	O	O	O	O	O	O
Farbintensität	O	O	O	O	O	O	O	O	O	O	O	O	O	O	O	O	O	O	O	O	O	O
B Aroma-/Nasenaspekt	00	01	02	03	04	05	06	07	08	09	10	00	01	02	03	04	05	06	07	08	09	10
[ ]	O	O	O	O	O	O	O	O	O	O	O	O	O	O	O	O	O	O	O	O	O	O
[ ]	O	O	O	O	O	O	O	O	O	O	O	O	O	O	O	O	O	O	O	O	O	O
[ ]	O	O	O	O	O	O	O	O	O	O	O	O	O	O	O	O	O	O	O	O	O	O
[ ]	O	O	O	O	O	O	O	O	O	O	O	O	O	O	O	O	O	O	O	O	O	O
[ ]	O	O	O	O	O	O	O	O	O	O	O	O	O	O	O	O	O	O	O	O	O	O
Gesamtintensität	O	O	O	O	O	O	O	O	O	O	O	O	O	O	O	O	O	O	O	O	O	O
C Mundaspekte/Geschmack	00	01	02	03	04	05	06	07	08	09	10	00	01	02	03	04	05	06	07	08	09	10
Süße	O	O	O	O	O	O	O	O	O	O	O	O	O	O	O	O	O	O	O	O	O	O
Säure – gustatorisch	O	O	O	O	O	O	O	O	O	O	O	O	O	O	O	O	O	O	O	O	O	O
Säure – Irritation (Haptik)	O	O	O	O	O	O	O	O	O	O	O	O	O	O	O	O	O	O	O	O	O	O
Extraktdichte	O	O	O	O	O	O	O	O	O	O	O	O	O	O	O	O	O	O	O	O	O	O
Bitterkeit	O	O	O	O	O	O	O	O	O	O	O	O	O	O	O	O	O	O	O	O	O	O
Adstringenz	O	O	O	O	O	O	O	O	O	O	O	O	O	O	O	O	O	O	O	O	O	O
Phenole/Tannin	O	O	O	O	O	O	O	O	O	O	O	O	O	O	O	O	O	O	O	O	O	O
Alkoholeindruck	O	O	O	O	O	O	O	O	O	O	O	O	O	O	O	O	O	O	O	O	O	O
CO_2	O	O	O	O	O	O	O	O	O	O	O	O	O	O	O	O	O	O	O	O	O	O
Intensität/Volumen	O	O	O	O	O	O	O	O	O	O	O	O	O	O	O	O	O	O	O	O	O	O
Nachhall/Länge	O	O	O	O	O	O	O	O	O	O	O	O	O	O	O	O	O	O	O	O	O	O
Balance	O	O	O	O	O	O	O	O	O	O	O	O	O	O	O	O	O	O	O	O	O	O

modern – traditionell: modern OOOOOOOOOOO traditionell

begeistert: wenig OOOOOOOOOOO viel

Potenzial [ ]

Praxiswert (intern Weinschule) [ ]

Veröffentlichen: O ja O nein

Gesamtpunkte Ranking [ ] Wert umgerechnet auf 100 Punkte

*Farbe: Abstufung bei Rotwein: braun – rot – violett; bei Weißwein: braun – gelb – hellgrün; bei Roséwein: zwiebelfarben – lachsfarben - roséviolett

Abb. 4 Der PAR-Bogen.

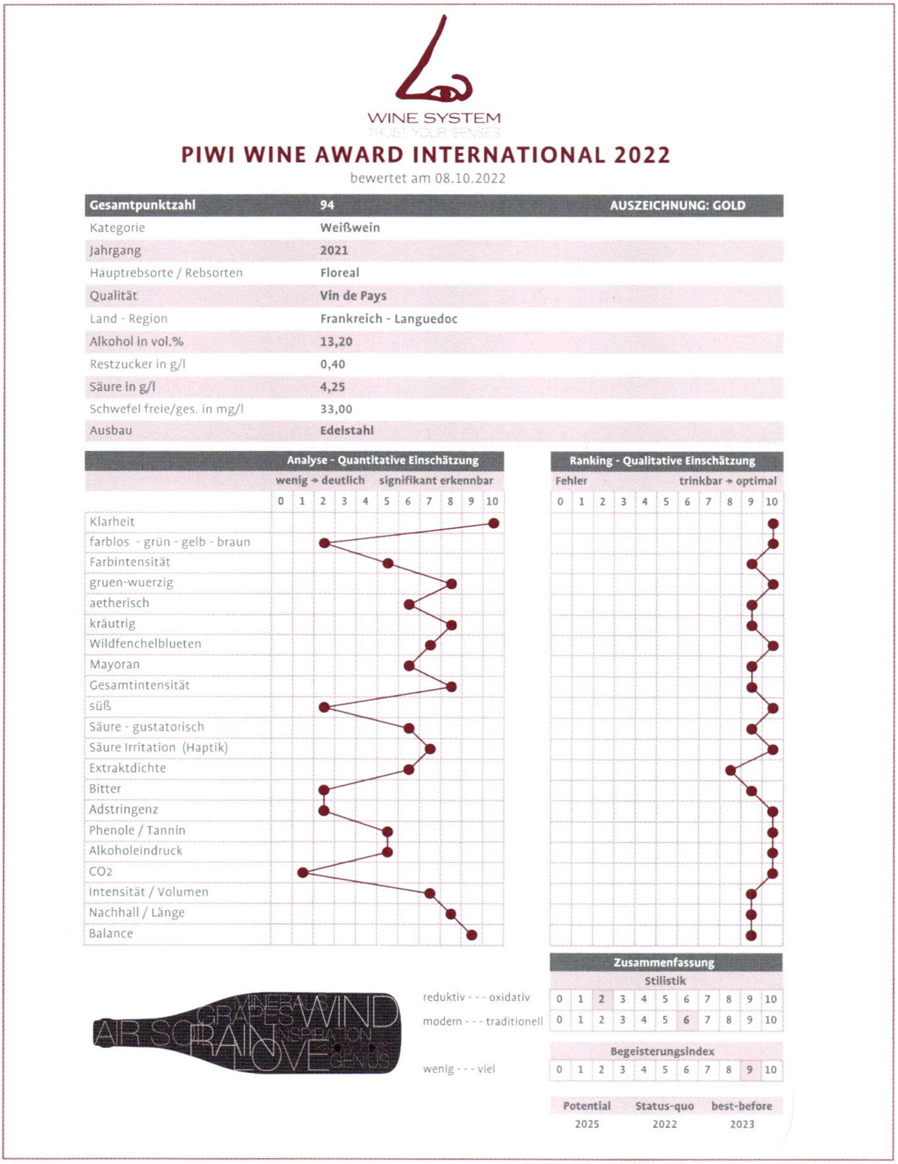

PIWI WINE AWARD INTERNATIONAL 2022

bewertet am 08.10.2022

Gesamtpunktzahl	94	AUSZEICHNUNG: GOLD
Kategorie	Weißwein	
Jahrgang	2021	
Hauptrebsorte / Rebsorten	Floreal	
Qualität	Vin de Pays	
Land - Region	Frankreich - Languedoc	
Alkohol in vol.%	13,20	
Restzucker in g/l	0,40	
Säure in g/l	4,25	
Schwefel freie/ges. in mg/l	33,00	
Ausbau	Edelstahl	

	Analyse - Quantitative Einschätzung wenig → deutlich signifikant erkennbar 0 1 2 3 4 5 6 7 8 9 10	Ranking - Qualitative Einschätzung Fehler trinkbar → optimal 0 1 2 3 4 5 6 7 8 9 10
Klarheit		
farblos - grün - gelb - braun		
Farbintensität		
gruen-wuerzig		
aetherisch		
kräutrig		
Wildfenchelblueten		
Mayoran		
Gesamtintensität		
süß		
Säure - gustatorisch		
Säure Irritation (Haptik)		
Extraktdichte		
Bitter		
Adstringenz		
Phenole / Tannin		
Alkoholeindruck		
CO2		
Intensität / Volumen		
Nachhall / Länge		
Balance		

Zusammenfassung

Stilistik

	0	1	2	3	4	5	6	7	8	9	10
reduktiv - - - oxidativ	0	1	**2**	3	4	5	6	7	8	9	10
modern - - - traditionell	0	1	2	3	4	5	**6**	7	8	9	10

Begeisterungsindex

	0	1	2	3	4	5	6	7	8	9	10
wenig - - - viel	0	1	2	3	4	5	6	7	8	**9**	10

Potential	Status-quo	best-before
2025	2022	2023

Abb. 5 Ergebnisbeispiel.

Das Erlernen der quantitativen Dokumentation der einzelnen Inhaltsstoffkomponenten und ihrer Verhältnismäßigkeiten zueinander stellt die Basis, um empirisch objektivierte Aussagen zu einem Wein treffen zu können.

Dadurch, dass die erfahrenen Informationen systematisch und reproduzierbar sind, lassen sich zu unterschiedlichen Weinen Aussagen treffen, die objektiviert oder zumindest kalibriert sind und dadurch bei Menschen mit vergleichbarem Erfahrungsstand einen hohen Wiedererkennungseffekt erlangen. Je nach Erfahrungsschatz des Anwenders wird die Aussage mitunter abweichen. Je mehr kontrollierte Erfahrungen einfließen, desto genauer wird die Aussage zutreffen. Ob eine getroffene Aussage wahr oder unwahr ist, lässt sich durch entsprechende Evaluierung herausarbeiten.

Die drei quantitativen Gütekriterien für Verkostungen im PAR-System

Validität (auch: Gültigkeit)

Definition und Status quo

Die Validität eines Tests gibt an, in welchem Maße dieser inhaltlich tatsächlich das misst, was er messen soll.[2]

Die Validität ist z. B. gering, wenn der Weinprüfer folgende Aussage trifft: „Das ist ein schönes Aroma, das finde ich gut, dem Wein gebe ich viele Punkte.“, denn er urteilt augenscheinlich vollkommen subjektiv aufgrund nicht definierter Vorgehensweisen über die Qualität des getesteten Weins. Auch wenn nicht definiert wird, was genau unter einem genannten Begriff zu verstehen ist (z. B.: Harmonie), mindert dies die Validität des Tests. Leider ist die Validität bei Weintestungen meistens gering, da die Prüfer bei der Ermittlung der Qualitätspunkte emotional, instinktiv oder sozialisationsbetont agieren, voreingenommen sind, sich von persönlichen Erfahrungen und Vorlieben leiten lassen, sich stereotyp, normiert und schablonenhaft äußern, sogar andere Formulierungen nachahmen und, zu guter Letzt, sich hierarchisch mehr oder weniger dominantem Sozialverhalten der anderen Prüfer in der Gruppe unterordnen. Und vor allem sind ihre Urteile unreflektiert. Von nicht selten arrogantem und überheblichem Verhalten ganz zu schweigen. Es wird nicht unterschieden zwischen dokumentativen und interpretativen Parametern. Diese hermeneutisch geprägten Konstruktionen der eigenen Wirklichkeit verstärken noch die vollkommene Orientierungslosigkeit. Zum Schluss bleibt: „schmeckt“ vs. „schmeckt nicht“.

Validität im PAR-System

Messgegenstand ist der Wein in seiner holistischen Erscheinung. Um den Wein sensorisch zu erkennen, um letztlich die richtigen Ableitungen (Kausalitäten) herstellen zu können, werden einzelne Parameter dokumentativ, nicht wertend, sensoanalytisch untersucht und in einer Zehnerskala von wenig zu viel quantifiziert. Es entsteht auf diese Weise ein Weinprofil.

Die Fraktionierung, also die Einteilung der Weininhaltsstoffe in Parameter, erfolgt zuerst nach eindimensionalen, kausalen neurologischen Gegebenheiten. Die Kompetenz zur trennscharfen Differenzierung erwerben die Prüfer bei der Ausbildung zum Master und Expert. Durch Training erwerben sie Erfahrung (Empirie) in der systematisch-logischen Methode der trennscharfen Differenzierung; sie reflektieren ihr Tun dabei ständig und korrigieren es, wenn nötig. Dies erfolgt in Gruppen zuerst nach sensorischen Standards und Trainings wie Dreiecktests, Paarweiser Vergeichsprüfung, usw., später nach der Norm der Best Practice auf kommunikativer Metaebene. Auch diese Kommunikationskompetenz ist Gegenstand der PAR-Masterausbildung.

Reliabilität

Definition und Status quo

Die Reliabilität gibt an, wie zuverlässig ein Test ein bestimmtes oder auch mehrere Merkmale (Parameter) misst.
Stabile Merkmale lassen erwarten, dass man auch bei wiederholten Überprüfungen dieselben oder sehr ähnliche Ergebnisse erhält (Reproduktion). Das Erzielen des gleichen Ergebnisses durch unterschiedliche Leute zeitversetzt und in unterschiedlichen räumlichen Gegebenheiten beweist die Unabhängigkeit und die nicht personenbezogene Wiederholbarkeit eines Tests – und erweist somit eine hohe Reliabilität. Die Reliabilität steigt mit der Zahl der Tester sowie ihrer Kulturen, Lernsysteme und damit kognitiven Prägung. Die Herausforderung liegt darin, zwischen der persönlichen Wahrheit und der reelen Wirklichkeit zu differenzieren.
Die Überprüfung von Testergebnissen ist Aufgabe der Qualitätssicherung (QS). Im Rahmen von Testwiederholungen/Paralleltests werden Ergebnisse entweder verifiziert (bestätigt) oder aber falsifiziert (widerlegt). Bei einer Widerlegung seitens der QS muss der Test wiederholt werden.[3]
Wiederholbare Ergebnisse kann es nur bei einer genormten Vorgehensweise (Audit) geben. Und dafür ist Methodenkompetenz vonnöten; es geht um das Wie, also den Prozess der Erkenntnisgewinnung: die richtigen Dinge richtig zur richtigen Zeit tun. Es geht also nicht nur um das Wissen um einen Sachverhalt, sondern auch um das Können und somit um eine konsequente reflektierte Durchführung des Tests – mit anderen Worten: Selbstkritisches Nachdenken ist wichtig, sowie daraus die richtigen Schlüsse zu ziehen.
Ziel ist eine verlässliche Methode, um die Individualität eines Weins zu erfassen, sensorische Phänomene zu benennen und kausale Zusammenhänge herzustellen sowie daraus richtige Ableitungen und Regeln zu erschließen (Wenn-dann-Beziehungen; Ursache-Wirkung-Prinzip).

Reliabilität im PAR-System

Die Messmethode der Sensoanalytik ist reliabel: Wiederholbarkeit/Reproduktion ist gewährleistet – die Reproduktion der sensorischen Messergebnisse liegt bei PAR bei über 85 Prozent –, das Testergebnis ist somit verlässlich. Hier spielt zudem eine Rolle, dass bei PAR immer in Zweier- bzw. Dreiergruppen getestet wird, es also an einem Korrektiv nicht mangelt.

Objektivität

Definition und Status quo

Objektivität bezeichnet die Entkopplung und Unabhängigkeit der Beurteilung oder Beschreibung einer Sache, eines Ereignisses oder eines Sachverhalts von persönlichen Empfindungen. Objektivität wird u. a. erlangt, wenn Art und Weise der Ergebniserzielung für mehrere und auch außenstehende Personen logisch und nachvollziehbar sind. Bei sensorischen Tests sind Unabhängigkeit, Nicht-Einflussnahme sowie die absolute Anonymisierung der zu testenden Weine zudem oberstes Gebot. Auftraggeber und Tester sollten in keinem Abhängigkeitsverhältnis stehen (wird ein Wein in einem Weinmagazin z. B. sowohl redaktionell positiv besprochen als auch durch eine Anzeige beworben, sollte dies skeptisch stimmen). Unabhängige Personen bereiten die Proben vor. Wenn der Tester eine Probe erkennt, muss er sich als befangen outen und darf bei besagter Probe nicht mehr mittesten.
Und die Tester erhalten so wenige Informationen zum Wein wie nötig: Da es bei der Beurteilung von Geschmack nicht wichtig ist, welche Sorte oder Herkunft im Glas ist, ist es unerheblich, woher der Wein stammt und wie er gemacht wurde. Anders ist es, wenn kausale Zusammenhänge erfasst und beurteilt werden

müssen. Diese Anforderungen machen auch den Unterschied zwischen den Wettbewerben und ihren Leistungsfähigkeiten sowie den Benefits für die Ansteller, also diejenigen, die ein Produkt zur Prüfung einreichen, aus.

Objektivität im PAR-System

Die Objektivität ist gewährleistet durch die Unabhängigkeit der Prüfer, die Anonymisierung der Produkte sowie die Prozessnormierung durch den digitalen PAR-Bogen.
Die innere Objektivität ist gewährleistet durch die Kalibration einerseits und die ständige Reflexion der Tester hinsichtlich der eigenen Wahrnehmungen andererseits.

Nachvollziehbarkeit, hohe Reproduktion, Transparenz und Objektivierung der sensorischen Ergebnisse gelingen bei einer Testung nach dem PAR-System durch folgende Parameter:

- Die Verkoster blenden eigene Vorlieben möglichst aus. Sie alle haben eine intensive Ausbildung mit Prüfung zum PAR-Master vollzogen.
- Die Qualitätsbeurteilung orientiert sich zu einem Drittel an der Herkunft, zu einem Drittel an der Machart und zu einem Drittel an der Marktfähigkeit oder Konsumfähigkeit oder der Drinkability.
- Kalibration erfolgt über Best Practice und sensorische Standards.
- Und das Verfahren ist transparent, von der Datenerhebung über die Durchführung (Methodik und Didaktik) bis zur Schlussfolgerung.

⇒ **Das Ergebnis einer Lebensmitteltestung nach dem PAR-System sind Qualitätspunkte, die sich immer an den Inhaltsstoffen orientieren und nicht die Vorlieben der Prüfer widerspiegeln.**

Kalibration bei PAR

In der PAR-Methode wird unter Bedingen der „Best Practice" verkostet, das heißt, es herrschen keine Laborbedingungen, sondern es ist der tägliche Umgang mit dem zu prüfenden Produkt, z. B. Wein, der den Rahmen vorgibt. Dieses Vorgehen muss reflektiert und entsprechend begründet werden. Und daraus ergeben sich Möglichkeiten der Produktoptimierung.

Die Kalibrationsform der „Best Practice" hilft auch, dass die Prüfergebnisse für Kunden und Auftraggeber versteh- und nachvollziehbar werden. Ein Beispiel: Wird ein Wein unter Laborbedingungen getestet, und sechs von zehn Prüfenden erteilen ihm ein „gut" (Silbermedaille) oder ein „sehr gut" (Goldmedaille), dann erwartet der Kunde einen Wein, der eben gut oder sehr gut ist, vor allem aber, dass er ihr oder ihm gut schmecken wird. Dies ist jedoch selten genug der Fall. Um diesem Dilemma entgegenzuwirken und eine höhere Reproduktivität zu erzielen, sodass auch andere Tester unter anderen Bedingungen zum gleichen Ergebnis kommen, wird bei PAR nicht nur nach Aussehen, Geschmack und Harmonie getestet (interpretativ), sondern jede qualitative Bepunktung wird mit sensorischen Analysewerten begründet. Kalibriert sind nicht die qualitativen Interpretationen, sondern die quantitativen, dokumentierten Inhaltsstoffe. Sie ergeben am Ende ein Geschmacksprofil mit der Information, wie der Wein schmeckt und warum er so oder so beurteilt wurde.

Das Ergebnis ist mit der Kalibration „Best Practice" wesentlich näher am Kunden als ein Ergebnis, das auf Basis der sensorischen Wahrnehmung unter Laborbedingungen gewonnen wurde.

Die Sache mit der Komplexität …

Perfektion ist gleichwohl nicht erreichbar. Denn es gibt immer etwas, das noch nicht definiert ist, das es noch zu bestimmen gälte. Die Praxis ließe sich fast beliebig verfeinern. Die nächsten Fragen wären z. B.: Wann sind die Erwartungen erfüllt? Gilt das Prinzip „ganz oder gar nicht", oder gibt es Annäherungen? Ab wann ist „Bio" wirklich Bio? Was bedeutet „Regionalität"?

Je trennschärfer und genauer hier definiert wird, desto aussagekräftiger und auch glaubwürdiger ist der Test. Auch Informationen über die Methoden, mit denen z. B. die Erfüllung dieser Erwartungen gemessen werden, und welche Parameter genau unter die Lupe genommen werden, sind hier wichtig. Das Thema objektive Qualitätsbeurteilung erscheint also uferlos und komplex, weil sehr viel Abhängigkeiten und Ableitungen zusammenspielen.

Und: Die Ergebnisse müssen dann unabhängig überprüft werden. Es beginnt also das gleiche Spiel von vorne: Wer prüft was mit welchen Methoden (validieren), um was zu bestätigen (verifizieren) oder abzulehnen (falsifizieren)?

Die Ausbildung nach dem PAR-System

Die Prüfung unter Laborbedingungen, die keine Ablenkung (Bilder, Musik, störende Düfte …) zulassen, und nach festgelegten Standards ist gut dafür geeignet, die Prüfenden zu schulen, denn die Standards werden unter reizarmen Bedingungen besser wahrgenommen. Direkt im Anschluss wird über das Gelernte und die Erfahrung diskutiert (Reflexion): Was war Sinn und Zweck dieser Übung? Warum wurde sie genau so durchgeführt? Das Verständnis der Teilnehmenden, warum gewisse Themen und Schulungsinhalte auf eine bestimmte Weise durchgeführt werden, ist bei der Ausbildung nach PAR-Methode wichtig. Die Klärung des „Warum" erleichtert die Transferleistung: das Gehörte und Verstandene in die Praxis umzusetzen.

Praxis bedeutet bei PAR auch, dass die Verkoster über ausreichend Erfahrung zu einem Produkt verfügen. Es reicht nicht aus, einfach viele unterschiedliche Weine probiert zu haben, wenn am Ende nur steht, dass einige gut, andere weniger gut geschmeckt haben. Die Tester sollen in der Lage sein, Herkünfte, Macharten und Marktfähigkeiten der Produkte ins Verhältnis zu setzen. Dafür ist eine enorme Produktkenntnis notwendig. Um etwa einen Wein aus dem Bordeaux beurteilen zu können, reicht es nicht, wenn ich Bordeaux auf der Landkarte finde und nur vier bis sechs Weine dieser Herkunft probiert habe. Je mehr Weine unter analytischen Bedingungen probiert wurden, desto eindeutiger und trennschärfer kann eine Qualitätseinschätzung vorgenommen und begründet werden (in Punkten auf der rechten Seite des PAR-Bogens, siehe Abbildung auf S. 26).

Kapitel 3: Das geeignete Testumfeld

Um vergleichbare Ergebnisse zu erzielen und die eigenen sensorischen Fähigkeiten gezielt zu schulen, empfiehlt sich ein möglichst neutrales, jederzeit wiederherstellbares Degustationsumfeld im Sinne der Best Practice.

Das richtige Glas

Mittlerweile gibt es eine große Auswahl geeigneter Degustationsgläser. Auf folgende Merkmale ist zu achten:

- dünnes Glas zur einfacheren Farbbeurteilung,
- Stiel und Fuß zum Anfassen und für einen sicheren Stand,
- bauchiges Volumen zur Vergrößerung der Oberfläche,
- konisch verlaufender Kelch zur Aromakonzentration,
- abgerundeter, jedoch geschliffener/gelaserter Glasrand für den „angenehmeren" Lippenansatz.

Wichtig ist mit Blick auf die Vergleichbarkeit, dass alle Verkoster das gleiche Glas verwenden.

Tipps für die Glasreinigung

- Spülen Sie nach der Glasreinigung mit klarem Wasser nach, damit sich keine Spülmittelreste mehr im Gefäß befinden. Denn Spülmittelreste verhindern die „Schlierenbildung" an der Glasinnenseite und verändern das Aroma des Weins.
- Spülen Sie mit heißem Wasser.
- Polieren Sie das Glas nach dem Reinigen in noch heißem Zustand mit einem trockenen, fusselfreien Leinengeschirrtuch, das ohne Weichspüler gewaschen wurde.
- Achten Sie darauf, dass Ihre Hände die Glasoberfläche nicht direkt berühren. Sie verhindern so, dass erneut Fett oder Talg von der Haut ans oder ins Glas gelangen.
- Aus hygienischen Gründen sollten Sie ein Glas beim Polieren nicht anhauchen.

Nehmen Sie in Kartons aufbewahrte Gläser einige Zeit vor der Verkostung heraus, um sie zu lüften und ggf. nachzuspülen.

Das richtige Set-up

- Sorgen Sie für unverbrauchte Luft im Degustationsraum.
- Vor oder während der Verkostung sollte in dem Raum nicht geraucht werden.
- Leuchten Sie den Raum möglichst mit weißem Licht (am besten Tageslicht) aus. Bei Kerzenlicht kann die Farbe des Weins nicht adäquat beurteilt werden.
- Stellen Sie zu jedem Testplatz ein Ausspuckgefäß.
- Legen Sie ein weißes Blatt Papier an jeden Testplatz (als Vergleichsobjekt erleichtert es die Farbbeurteilung).

Kapitel 4: Die Parameter der Weindegustation

Visuelle Aspekte

Der Sehsinn liefert uns den weitaus größten Anteil an Informationen über unsere Umwelt: ca. **80 Prozent!** Unser Gehirn schenkt ihm von allen Sinnen die höchste Aufnahmekapazität, gefolgt vom Gehör- und vom Tastsinn. Die vielfältigen Inhalte, die mit einem Bild in Verbindung gebracht werden, werden sehr **schnell transportiert**: Ein visueller Reiz wird in weniger als zwei Zehnteln einer Sekunde vom Gehirn verarbeitet.

Zudem unterliegt die visuelle Wahrnehmung nur einer **schwachen kognitiven Kontrolle**. Daher werden visuelle Reize oft als emotionale Schlüsselreize eingesetzt, um Aufmerksamkeit zu erzwingen.

Klarheit des Weins

Was sagt die Klarheit über einen Wein aus?

Nach der Gärung klärt sich ein junger Wein meist von allein: Hefereste sinken zu Boden, und der Wein wird transparent. Fast alle Weine auf dem Markt sind jedoch filtriert. Es kann bis „EK“ filtriert werden – bis zur „Entkeimung“. Solche Weine sind brillant klar und funkeln im Gegenlicht. Wein mit einer gröberen Filtration nennt man „glanzhell“. Nur im direkten Vergleich und im Gegenlicht lässt sich ein Unterschied erkennen.

Wann wird filtriert und warum?

Eine Filtration erfolgt grundsätzlich nach dem Abstich (Trennung des jungen Weins von der Hefe), jedoch in unterschiedlichen Intensitäten vor der Flaschenfüllung. Die Mehrheit der Kunden erwartet heute klare Weine. Trübungen werden als Fehler oder als Verunreinigung angesehen. Ein Satz in der Flasche stellt im Verkauf und in der Kundenakzeptanz immer ein Problem dar.

Grundsätzlich werden Ablagerungen von Trübungen unterschieden: Trübungen sind oft Eiweißreaktionen im Wein, die durch Komplexbindungen mit Gerbstoffen oder durch Temperaturschwankungen (zu warme Lagerung) entstehen (Thermoinstabilität des Eiweißes). Sie stellen in diesem Fall einen rein optischen Mangel dar. In der Regel werden Weine heute „eiweißstabil abgefüllt“ bzw. „stabilisiert“, um eine spätere Ausfällung im Wein zu verhindern: Vorhandene Eiweiße im Wein werden mit Bentonit (Tonmineral) oder anderen Behandlungsmitteln geschönt.

Auch „Weinstein“ ist eine Instabilität, die man vermeiden will: Kaliumhydrogentartrat, also das Salz der Weinsäure fällt bei kalten Temperaturen (um 0 °C) aus und kristallisiert aus – Weinsäure und vorhandenes Kalium reagieren miteinander, und in der Flasche (meist am Boden oder am Korken) erkennt man Kristalle, eben den Weinstein. Er sieht letztlich aus wie Zucker. Beim Ausschenken darf der Weinstein nicht ins Glas gelangen. Für Flaschen mit Weinsteinablagerungen sollte daher eine

Empfehlung zum Dekantieren ausgesprochen werden.

International werden bei den gängigen Bewertungsschemen der OIV oder verschiedener Fachverlage, die nach gängigen 5-, 20- oder 100-Punkte-Schemata verkosten, Trübungen im Wein grundsätzlich als negativ gewertet. In der Testung nach PAR-Methode hingegen gibt es keinen qualitativen Punktabzug, wenn ein Wein (aus welchen Gründen auch immer) z. B. absichtlich mit geringer oder ohne Filtration abgefüllt wurde und eine Trübung vom Erzeuger somit in Kauf genommen wurde – sofern dies dem Prüfer bekannt ist. Die Absichten des Erzeugers sind schließlich zu respektieren! Die Produktinformation ist hier wichtig. Ist darin z. B. „unfiltriert" angegeben, ist eine Trübung kein Grund für ein Negativbewertung. Ist aber angegeben, dass der Wein scharf filtriert oder dass eine Entkeimungsfiltration durchgeführt wurde, so ist eine Trübung negativ zu werten, da die Veränderung möglicherweise auf Bakterien oder mikrobiologische Gegebenheiten schließen lässt. Sind solche Produktionsentscheidungen hingegen nicht bekannt, wird eine Trübung durchaus als handwerklicher Fehler gewertet, ob es sich nun um eine Instabilität handelt oder um eine Trübung aufgrund hygienischer Mängel, die auch sensorische Konsequenzen haben (Bitterkeit, Schleimigwerden oder Ähnliches). Die Höhe des Punktabzugs hängt von der Art und der Intensität der Trübung ab, vom Zeitpunkt, zu dem sie aufgetreten ist, davon, ob versucht wurde, sie zu verhindern, oder ob sie aufgrund einer „Nichtbehandlung" auftrat. Im Glas sind die kausalen Zusammenhänge oft nur zu erahnen.

Filtration

Die Filtration dient der Stabilisation des Weins. Eine sterile Filtration ist immer dann notwendig, wenn der Wein noch Restsüße aufweist: Alle Keime, die eine erneute Gärung in Gang setzten könnten, werden entfernt. Eine deutliche Schwefelung wirkt antiseptisch und unterstützt somit diese Sterilisierung.

Wie wird die Klarheit beurteilt?

Ob ein Wein klar ist oder nicht, erkennt man am besten, wenn man ein weißes Blatt hinter das Glas hält: Eine Trübung ist dann zu sehen.

Farbe des Weins

Die Farbe ist von vielen Faktoren abhängig – zunächst von der Pigmentierung und Reife der Trauben (rot, gelb, grün). Die prägendsten Aspekte sind zudem die Oxidation und der pH-Wert.

Beim **Weißwein** reicht die Farbpalette entsprechend der Spanne zwischen Reduktion und Oxidation (Stilistik) von farblos/wässrig über Grün und Gelb bis Braun, beim **Roséwein** von violett- über lachs- bis zwiebelfarben, beim **Rotwein** von Rot über Violett und Blau bis Braun.

Farbe des Weins zur gewählten Stilistik

	Reduktion						Oxidation
Rotwein:	Violett/Blau	→		Rot	→		Braun
Weißwein:	Farblos	→	Grün	→	Gelb	→	Braun
Rosé:	Violett/Pink	→	Lachs	→	Zwiebel	→	Braun

Abb. 6 Die Farbe des Weins nach pH-Wert.

Ist der pH-Wert niedrig und somit sauer, ist die Farbe rot; je höher der pH-Wert ist und somit je weniger sauer, desto bläulicher wird sie.

Bei der Beurteilung der Farbe muss man immer beide Faktoren im Blick haben – Stilistik (Oxidation oder Reduktion) und pH-Wert.

Zur fachlichen Beurteilung reichen diese Einteilungen aus. Für den Verkauf jedoch sollten die Farbbeschreibungen „ansprechender" ausfallen. Denn je bildhafter (Faktor 80) sie sind, desto höher sind der Wiedererkennungseffekt und die emotionale Wirkung. Damit ist nicht gemeint, dass Begriffe aus der Farbpalette verwendet werden sollen – der Unterschied zwischen Zinnoberrot, Mittelrot, Karminrot und Purpurrot ist zu abstrakt und vielen Menschen eher nicht geläufig. Es empfehlen sich vielmehr bildhafte Vergleiche, die konkrete Assoziationen wecken, etwa mit Früchten (Kirsche, Himbeere, Pflaume etc.) – die Akzeptanz ist dann wesentlich höher, auch wenn diese Vergleiche möglicherweise nicht ganz trennscharf sind (weil nicht alle dasselbe Bild im Kopf haben werden). Auch Farbbezeichnungen wie Strohgelb, Goldgelb, Bernstein für Weißwein oder Glutrot, Sonnenuntergangsrot oder Feuerrot für Rotwein usw. sprechen emotional an und eignen sich somit für diese Zwecke.

Farbnuancen bei Weißweinen

Weißweine von heller, fast wässriger Farbe wurden oft erst kürzlich abgefüllt (hoher SO_2-Gehalt: Schwefel verhindert die Polymerisation von Farbpigmenten) oder sind von einfacher Qualität, weil aufgrund hoher Erträge die Extraktdichte gering ist und somit eine geringere Lichtbrechung erfolgt. Sie werden am häufigsten als lindgrüne Weine mit gelblichen oder als hellgelbe Weine mit grünen Reflexen beschrieben.

Die Polymerisation

Wenn viele Moleküle aneinanderhängen, spricht man von Polymeren. Phenole und Tannine bilden unter oxidativen Bedingun-

gen Polymere aus. Für diese Reaktion, die Polymerisation, wird Ethanal (Oxidation des Alkohols) gebraucht, das durch schwefelige Säure gebunden wird.
Polymere verändern das Aroma und Dichteempfinden und tragen zum adstringierenden Verhalten des Weins bei (die Mundschleimhaut zieht sich zusammen und man hat ein pelziges Gefühl). Je mehr Polymere die Phenole ausgebildet haben, desto adstringierender die Wirkung: Flavonoide Pflanzenstoffe wie Tannine denaturieren Eiweiße und heben so die Schutzfunktion des Speichels auf.

Honigfarbene Reflexe bis hin zu bräunlichen Farbnuancen entstehen bei dichten, konzentrierten und gealterten Weinen.

Die Farbe sagt also nicht grundsätzlich etwas über die Qualität aus. Oft wird sie deshalb als gut oder schlecht beurteilt, weil wir sie mit einer Norm abgleichen oder eine klare Erwartung haben, die entweder erfüllt (gut) oder nicht erfüllt (schlecht) wird. Doch wir sollten die Farbe stattdessen in einem nachvollziehbaren und kausalen Zusammenhang zur Stilistik (Machart) und Herkunft sehen und beurteilen.

Wenn ein Winzer viel oder wenig schwefelt (wodurch sich die Farbe verändert), je nachdem, welchen Typ Wein er herzustellen beabsichtigt, wird die Farbe als „kausal“ beurteilt. Soll der Wein z. B. fruchtig und spritzig sein, ist mehr Schwefel nötig. Zielt man auf Orangen Wein oder Naturwein mit wässriger Farbe, steht die Farbe jedoch in einem Konflikt zur Machart und wird als „nicht kausal“ beurteilt.

Farbnuancen und -dichte bei Rotweinen

Bei Rotweinen reichen die Farbnuancen sorten-, herkunfts- und ausbaubedingt von hellem Rot über Purpur, Rubin und Ziegelrot bis hin zu Violett- und Blaunoten oder Anthrazit. Prägend sind die Farbpigmente (meist Anthocyane aus der Stoffgruppe der flavonoiden Polyphenole) in der Beerenhaut.

Je nach Maischebearbeitung und der damit verbundenen Extraktion wird sich die Farbtiefe verändern. Hier ist vor allem der pH-Wert ausschlaggebend, gefolgt von der Stilistik (reduktiv → Lila; oxidativ → Braun). Anthocyane (die Glykoside der Anthocyanidine, wasserlösliche Pflanzenfarbstoffe aus der Gruppe der Flavonoide) „kommen in fast allen höheren Pflanzen mit roter, violetter, blauer oder auch gelber Färbung vor. Bei pH-Werten unter 4 zeigen sie eine rote Färbung; zwischen 4 und 5 sind sie farblos, bei pH 6 bis 7 purpurn, bei 7 bis 8 tiefblau, und über 8 weisen sie eine gelbe Färbung auf“[4]. Moderne Verfahren der Maischeerhitzung ermöglichen eine hohe Farbausbeute bei gleichzeitigem Geringhalten der Tannine und adstringierenden Gerbstoffe aus der Beerenhaut. Mit der Maischeerhitzung geht oft eine Blau-Violett-Färbung der Weine einher. Frisch geschwefelte Rotweine sind farbärmer. Braunnoten sind, wie bei Weißweinen, alters- und meist oxidationsbedingt.

Neben der Art der Farbe geht es, vor allem beim Rotwein, auch um die Farbdichte. Die inhaltsstofflichen Konzentrationen im Wein, etwa von Phenolen und Mineralien, verändern die Transparenz, da die Dichte einen Einfluss auf die Lichtbrechung hat. Und diese veränderte „Durchscheinung“ wirkt sich oft auf die Beurteilung von Farbe und Klarheit aus. So kommt es gerade bei Rotwein häufig vor, dass er, je dunkler er sich präsentiert, umso besser bewertet wird – selbst erfahrene Tester lassen sich hier täuschen. Der visuelle Eindruck beeinflusst also ohne Reflexion die anderen sensorischen Merkmale, wie Aroma und Mundgefühl, und das im Faktor 80. Auch alle anderen Parameter wie Länge oder Intensität, Säure und Süße erfahren bei einem kompakten Farbeindruck bessere Bewertungen.

> Mit schwarzen Gläsern lässt sich die eigene Wahrnehmungsveränderung überprüfen: Man kann üben, mit diesem Phänomen umzugehen (Kalibration: Best Practice).

Auf dem PAR-Beurteilungsbogen werden daher diese Faktoren separat dokumentiert: Klarheit, Art der Farbe und Farbdichte.

> **Wichtig bei PAR:** Es gibt keine Norm, die erfüllt werden muss, sondern die Prüfer sind geschult, auf Abhängigkeiten von der Weinproduktion zu achten. Sie können also die Ausprägung einer Farbe zum Produkt ins Verhältnis setzen und aufgrund einer kausalen Kette eine Abweichung im Hinblick auf Herkunft und Machart kritisch bewerten.
> Wie sehr eine Farbabweichung bei der Gesamtbeurteilung ins Gewicht fällt, bleibt dem Prüfteam überlassen, das über reiche sensoanalytische Erfahrung dahingehend verfügt (PAR Certified Master mit Prüfung), wie schwerwiegend oder aber vernachlässigbar ein sensorischer Eindruck einzuschätzen ist. Dabei werden besonders zu erwähnende Charaktereigenschaften immer dokumentiert und herausgestellt. Es gibt also bei PAR nur Abweichungen von dem zu erwartenden Eindruck (Requirements; alle anderen Bewertungsschemata dokumentieren Abweichungen als „Fehler“, da sie von einem vermeintlich klaren Grundverständnis ausgehen, wie „guter“ Wein zu sein hat).

Gehalt an Kohlensäure (CO_2)

Kohlensäure ist nicht nur bei Schaum- und Perlweinen, sondern auch bei Stillweinen ein Faktor des visuellen Eindrucks.

Grundsätzlich gilt: Kleine Perlen stehen für hochwertige Qualität – abhängig von Druck, Hefelagerung und dem eingearbeiteten Moussierpunkt. Dabei ist zu beachten: Beim Einschenken junger, schonend verarbeiteter Weiß- und Roséweine bilden sich am Glasboden oft kleine CO_2-Bläschen. Natürliches CO_2 ist positiv zu beurteilen. Schäumen Stillweine hingegen beim Einschenken, befinden sie sich oft in einer ungewollten Nachgärung oder durchlaufen einen biologischen Säureabbau. Diese Art der CO_2-Bildung ist kritisch zu beurteilen, und meist geht sie auch mit einer Trübung und aromatischen Veränderungen des Weins einher.

Daher gilt es zu reflektieren: Woher kommt das CO_2? Warum ist es (noch) im Wein? Wurde es zugesetzt? In Deutschland ist es z. B. gute Praxis, Stillwein vor der Füllung mit CO_2 zu imprägnieren, um den Effekt der Frische zu unterstützen. Manchmal schäumen Stillweine regelrecht, dann war das CO_2 sicher zu viel.

Weitere visuelle Aspekte

Über die Parameter Farbe, Klarheit und Kohlensäure hinaus gibt es noch weitere visuelle Aspekte, die zwar bei PAR nicht zum Tragen kommen, aber immer wieder Thema bei Verkostungen sind, wie die Viskosität im Glas und am Glasrand oder auch die Schlierenbildung. Die Bildung von Schlieren ist bedingt durch verschiedene Alkohole, Zuckerarten und Mineralstoffe, Luftfeuchte und Temperaturdifferenzen (Kondensation), wie teils auch von der Glasoberfläche. Spülmittelreste in Gläsern nehmen etwa die Oberflächenspannung und reduzieren die Schlierenbildung. Diese kann also bei ein und demselben Wein in verschiedenen Gläsern sehr unterschiedlich ausfallen.

Es empfiehlt sich daher, ganz dokumentativ zu beschreiben und den Bezug zum Degustationsgefäß stets zu berücksichtigen. Abstrakte Formulierungen wie „heftig", „sehr präsent", „vorhanden" oder „verzögert" sind meist nicht sehr hilfreich. Auch hier sind bildhafte Assoziationshilfen vorzuziehen, weil sie der Wiedererkennung dienen.

Beispiele für eine dokumentative Beschreibung der Viskosität:
„In meinem Glas entsteht eine schnell abfließende und dominante Viskosität."
„In meinem Glas ist die Viskosität sehr verhalten."

Beispiele für eine bildhafte Beschreibung der Viskosität:
„ölige Konsistenz"
„dick"
„zäh"
„viskos"
„cremig"
„wässrig, schnelles Ablaufen"

Die Viskosität sagt nichts über die Qualität eines Weins aus: Ein Wein ist nicht besser oder schlechter, nur weil er viskoser oder aber wässriger ist. Dies gilt allenfalls für einzelne Weine und ist immer davon abhängig, wie das Produkt in seiner Ursprünglichkeit sein soll. Ein leichter Kabinett (nach deutschem Weinrecht) zum Beispiel sollte gar nicht viskos sein, hingegen sollte eine Auslese durchaus cremige Charaktereigenschaften aufweisen. Diesen Erwartungswert an eine originale Qualität nennt man im Qualitätsmanagement „Sollerwartung". Ist ein Produkt für eine bestimmte Zielgruppe „gemacht", spricht man von der „Zweckangemessenheit".

Olfaktorische und gustatorische Aspekte

Irritation

Die nasale Irritation – beschrieben als Kribbeln, Beißen, Stechen oder auch als staubig oder seidig – entsteht durch Reizwirkungen auf die Nasenschleimhaut. Zu unterscheiden sind Art und Weise sowie Lokalisation der Irritation (Nasenspitze, mittlerer Nasenbereich und hinterer Nasenraum).

Auch Irritationen der Mundschleimhaut lassen sich lokalisieren, etwa bei der Säure:

Apfelsäure wird im vorderen Mundbereich wahrgenommen, der von trigeminalen Nervenfasern durchzogen ist, und zwar über die Nerven Lingualis und Intermedialis. Man bildet einen „Kussmund". Weinsäure wird eher im hinteren Mund-

Geruchswahrnehmung

orthonasal → direktes Riechen durch die Nase

retronasal → Während des Verzehrs verflüchtigen sich Aromastoffe durch Kau- und Schluckvorgänge sowie durch Körperwärme in den Rachenraum. Sie gelangen durch eine Verbindung der Mundhöhle mit der Nasenhöhle an die Riechschleimhaut.

keine Aromawahrnehmung mit geschlossener Nase

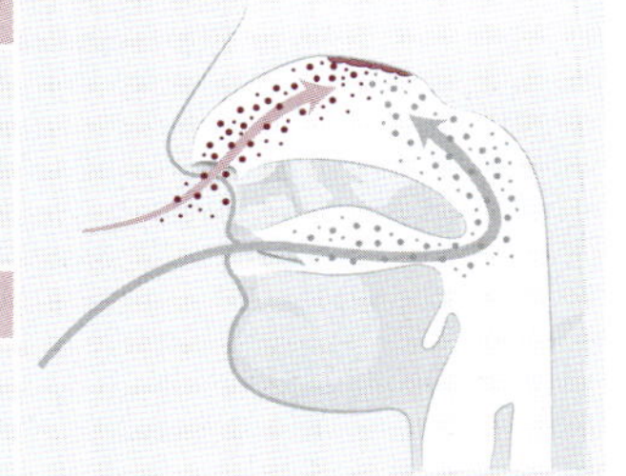

bereich wahrgenommen, der vom Vagus und Glossopharyngeus durchzogen ist. Die Reizweiterleitung erfolgt dort langsamer, daher wird die „Wirkung" der Weinsäure als länger empfunden. An den Zungenrändern wird sie als saurer wahrgenommen als Apfelsäure, deren Wirkung als punktierter beschrieben wird.

Mineralität

Mineralien im Wein (Mineralität = der sensorische Säure-Salz-Komplex) verursachen durch einen hygroskopischen, also wasseranziehenden Effekt eine Austrocknung der Nase – allerdings nicht allein, wie Tests gezeigt haben: Ein gewisser Anteil von

Saures Schmecken

- pH-Wert-abhängig, daher intrazellulär
- bedingt Ionenkanälchen aktiv
- aktiv im limbischen System

Apfelsäure

schmeckt eher im vorderen Mundbereich (Lingualis, Intermedialis); wirkt recht schnell (trigeminal); wirkt gleichzeitig auf die Schleimhaut im vorderen Mundbereich irritierend

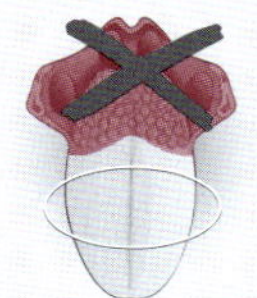

HO OH
HO OH
O O

Weinsäure

wirkt eher langsam, im hinteren Mundbereich (Vagus, Glossopharyngeus); ausfüllender Effekt im hinteren Mundbereich; langer Nachhall

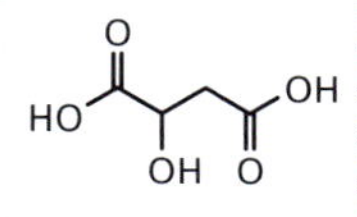

Zitronensäure

nicht riechbar; schmeckt schnell auf zwei Dritteln der Zunge (Glossopharyngeus) und punktiert tendenziell metallisch (signaltransduktiv); kann Metallionen binden

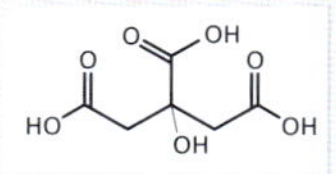

Ascorbinsäure

antioxitant; leicht oxidierbar; leicht irritierend; Geschmack wird oft als metallisch beschrieben

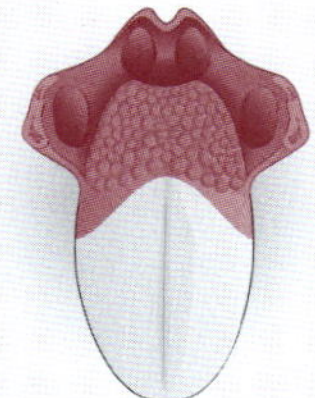

Milchsäure

schmeckt etwas weniger sauer als die Weinsäure, aber mit einem höheren Irritationseffekt; in Anwesenheit von Salz (durch Speisen) oder Mineralstoff im Wein verleiht sie Dichte und Länge; sie ist im gesamten Mundraum spürbar.

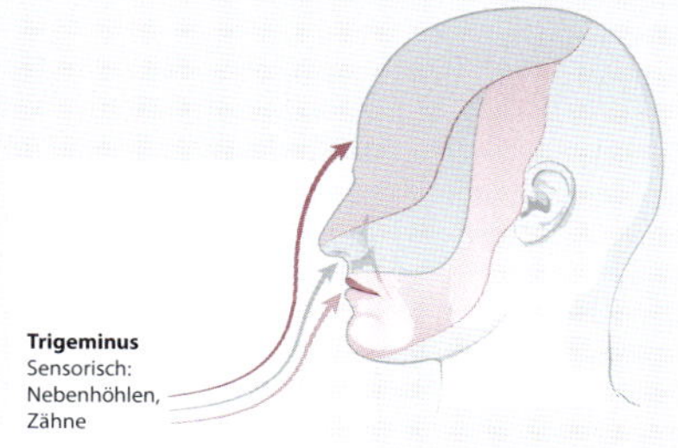

Säuren und flüchtigem Alkohol ist dafür nötig. In Verbindung mit der wärmenden Wirkung des Alkohols, die zu einer Gefäßerweiterung und damit besseren Durchblutung führt, entsteht ein cremig zartes bis hartes, metallisch raues Gefühl, das sich am ehesten mit einem aufkommenden Niesreiz beschreiben lässt.

Mineralien bilden einen Anteil des zuckerfreien Extrakts im Wein. Es handelt sich um Ionenbindungen, die als negativ oder positiv geladene Teilchen im Wein gelöst sind.
Das Mineralien-Säure-Verhältnis hängt nicht von der Gesteinsart, die im Boden des Anbaugebiets vorherrscht, ab, da die Rebe immer die gleichen Nährstoffe aufnimmt, egal auf welchem Boden sie wächst. Viel ausschlaggebender sind u. a. folgende Aspekte: das Verhältnis zwischen der Menge geernteter Trauben pro Stock und der Reifezeit; die oberflächliche Ausbreitung des Wurzelballens, also in den ersten 80 cm Bodenhorizont (nicht die tiefliegenden Wurzeln); die Wasserversorgung der Rebe; der Humusanteil; die Biodiversität im Boden; und der Rebschnitt.
Das bedeutet: Je länger eine Traube mit der Rebe in Verbindung ist und je geringer die Zahl der Trauben, auf die sich die von der Rebe zur Verfügung gestellten Mineralien verteilen, desto höher die Anreicherung von Mineralien in der Beere.

- Hat ein Wein viele Mineralsalze, aber wenig Säure, wirkt er eher breit und wenig dynamisch in Nase und Mund. Er schmeckt salzig.
- Hat ein Wein eine gewisse Konzentration dieser Salze plus eine gewisse Säure, wird von einem mineralischen Eindruck gesprochen, der sich mit einem auskleidenden Effekt der Nasenschleimhaut im mittleren Nasenbereich (trigeminal) lokalisiert.
- Hat ein Wein wenige Mineralsalze, aber viel Säure, wird er als sauer, stechend und dünn empfunden. Ein auskleidendes Kribbeln bleibt ebenso aus wie bei der einseitigen Konzentration der Mineralsalze.

Auffällig ist, dass sich der beschriebene Eindruck der Mineralität signifikant bei folgenden Analysewerten einstellt:

- 24 g/l zuckerfreier Extrakt (dies ist ein vergleichsweise hoher Wert)
- 6–7 g messbare Säure

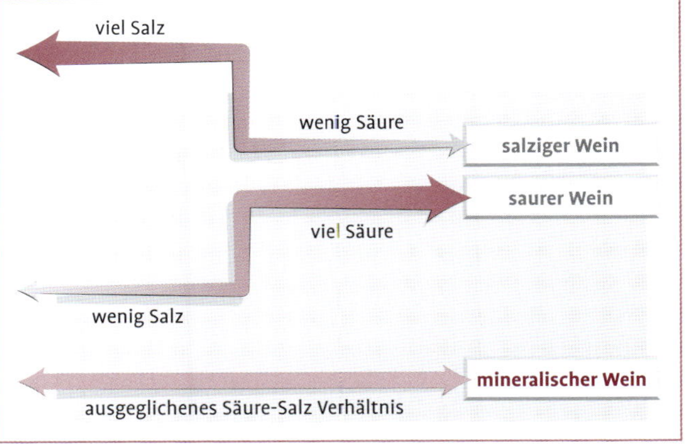

Abb. 7 Die sensorische Wirkung der Mineralien.

- ca. 12,5–13,5 Vol.-% Alkohol (höhere Konzentrationen wirken brandig)

Seit Jahren überprüfen wir im Rahmen des internationalen Bioweinpreises nach PAR diese Phänomene. Da unsere Tester die „Extraktdichte" dokumentieren, können wir Weininhaltsstoffe und deren Kombinationen ermitteln, die diese Wahrnehmung auslösen. Dies sind also keine frei erfundenen Zahlen, sondern aus mehreren Tausend Weinen gemittelte Werte.

> Je höher der Säuregehalt, desto intensiver die Empfindung der Irritation (stechend) in Nase und Mund. Sobald Salze (Mineralstoffe) ins Spiel kommen, verändert sich die Irritation. Sie wird als weicher empfunden. Andere Inhaltsstoffe wie Phenole und Alkohole können diese selektive haptische Wahrnehmung erheblich maskieren.

Bitterkeit

Bitter schmeckende Anteile gelangen oft durch einen hohen Pressdruck in den jungen Wein, besonders bei langen Maischestandzeiten bei Weißwein und langen Extraktionszeiten der Maische bei Rotwein.

Die unterschiedlich starken Pressfraktionen derselben Maische, wie sie in Frankreich die Regel sind, werden bei späterer Assemblage anteilig wieder „re-cuvéetiert".

Zur Bitterkeit in Wechselwirkung mit Süße und in Abgrenzung zur Adstringenz siehe S. 47.

Aroma

Der „Geschmack" ist zu über 90 Prozent vom Aroma geprägt. Um die Wichtigkeit des Aromas nachzuvollziehen oder um sich in der Prüfsituation besser auf das Aroma eines Weins konzentrieren zu können, bietet sich folgender einfacher Test an:

Mischen Sie etwas Zucker mit einer Prise Zimt. Mit einer Hand verschließen Sie jetzt die Nase. Mit der anderen Hand nehmen Sie eine kleine Menge der Mischung in den Mund. Jetzt schmecken Sie nur auf der Zunge nur Süße; erst bei Öffnen der Nase nehmen Sie den typischen Zimtgeschmack wahr.

Da es im Mund keine Rezeptoren für Aromen gibt, können wir sie auch nicht schmecken. Wer also vorgibt, er erkenne das Weinaroma mit seinem „sensiblen Gaumen", irrt. Denn der Gaumen kann gerade einmal kalt und warm unterscheiden, und nicht mal das wirklich gut. Ohne den retronasalen Effekt im Mund (siehe auch S. 37) lässt sich kein Aroma erkennen: Das Getränk oder die Speise erwärmt sich im Mund, Aroma gelangt über den Rachenkanal zum Bulbus olfactorius in der oberen Nasenmuschel und dockt dort an.

Eine hohe Aromakonzentration ist dem beschriebenen „mineralischen Effekt" eher hinderlich: Sie wirkt ihrerseits irritierend („signaltransduktiv") – durch die Überlagerung kann es zu Verwechslungen kommen.

> Achtung: Mineralität ist keinesfalls aromatischer Natur, lässt sich also nicht riechen wie ein flüchtiger Stoff. Leicht passieren dann falsche Ableitungen und man zieht falsche Rückschlüsse über den Wein. In diesem Fall korreliert die Aussage, die Mineralität ist aber nicht kausal.
> Oft werden z. B. flavonoide Phenole (reife Gerbstoffe) extrahiert, die ebenso irritierend, jedoch noch nicht adstringierend wirken (kondensierte Tannine). Sie irritieren nur an der Schleimhaut, wohingegen die Mineralien am Zahn spürbar sind.
> Die Differenzierung und die schrittweise, planmäßige Vorgehensweise (Fraktionierung) ist bei solch ähnlichen Irritationen sehr hilfreich.

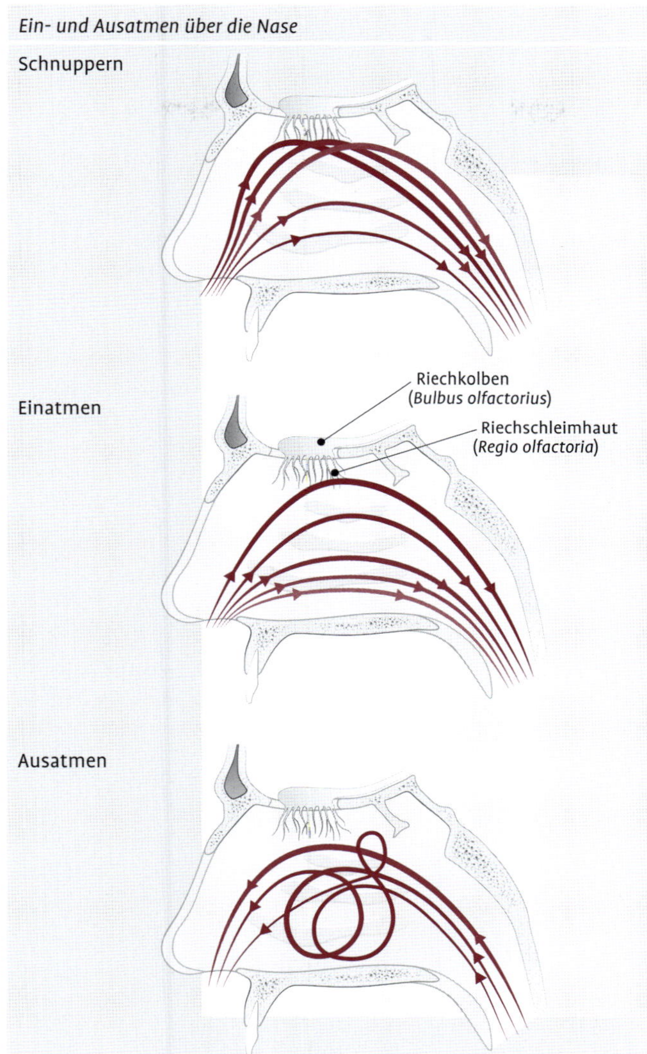

Alkohol (Ethanol)

Alkohol ist nicht riechbar und nicht schmeckbar. Er wirkt gefäßerweiternd und verleiht primär ein Wärmegefühl. In der Nasenschleimhaut wird die alkoholische Oberflächenwirkung im hinteren Nasenbereich wahrgenommen. Sie kann von leicht wärmend, voluminös und auskleidend bis zu einer brandig-scharfen Empfindung reichen. Auf der Mundschleimhaut wird Alkohol bei höherer Dosierung als brandig, scharf, kratzig … empfunden.

Alkohol verbindet die verschiedenen Inhaltsstoffe im Wein. Er wirkt als tragende Basis und vermittelt den Eindruck von Fülle, Wärme und Aromenintensivierung aufgrund seiner flüchtigen Eigenschaften und ist neben Extrakt und Süße an der Nachhaltigkeit, dem „langen Abgang" beteiligt. Von „gut eingebundenem Alkohol" ist dann die Rede, wenn seine flüchtigen Charaktereigenschaften an eine kompakte Aromaintensität oder am Mineralstoff gebunden sind. So können Weine mit wenig Aroma sowie UTA-gefährdete (UTA = Untypische Alterungsnote) oder extraktarme Weine bereits mit 12 Vol.-% brandig wirken. Extraktreiche Weine bei zusätzlicher Aromakomplexität wirken oft bei 14 Vol.-% oder auch höheren Alkoholen als gepuffert. Analytisch hohe Alkoholwerte bei nichtbrandigem sensorischem Verhalten sind so ein Qualitätshinweis auf wenig Erntemenge und somit auf konzentrierte Mineralstoffe (bei PAR sprechen wir von „Extraktdichte"). Wichtig ist, dass auch maximal gedüngte und bewässerte Rebanlagen solche Weine hervorbringen können.

Säure

Vor allem Weinsäure und Apfelsäure verursachen, je nach Konzentration und Verhältnis zueinander, im vorderen Nasenbereich ein Kribbeln bis hin zu einem leicht stechenden Effekt. Der Grund für diesen stechenden haptischen Eindruck sind nichtgepufferte Säuren (wie „dünne Weine" sie haben, mit wenig zuckerfreiem Extrakt). Geschmacklich werden Säuren als saftig (Speichelfluss), stechend, spitz, grün, unreif, nicht eingebunden (vs. eingebunden), gut stützend (Extrakt, Alkohol, Süße) oder schlicht sauer empfunden. Doch es gibt durchaus Unterschiede: Der Geschmack von Apfelsäure zum Beispiel wird als etwas härter und kerniger beschrieben als der von Weinsäure, der als etwas dichter, weicher und weniger hart und weniger kantig empfunden wird.

Fruchtsäuren besitzen kein Aroma, lassen sich nicht riechen.

Schwefeldioxid (das Anhydrid der schwefligen Säure H_2SO_3), Essigsäure und flüchtige Säuren (zu diesen zählt z. B. auch Ameisensäure) werden als sehr stechend empfunden. Die Intensität lässt sich in ihrer Gesamtheit als verhalten, zart, dezent, dominant, ausgeprägt, aufdringlich … beschreiben. Die Beurteilung dieser flüchtigen Anteile im Wein ist sehr differenziert zu sehen:

Schwefeldioxid (SO_2)

Bei frisch geschwefelten Weinen ist zum einen der Schwefel zu riechen und zum anderen der stechende Effekt zu spüren. Bei Weinen ab ca. 40 Milligramm freies SO_2 je Liter ist dieser Eindruck in Abhängigkeit zur Säure (pH-Wert) erkennbar. In Anbaugebieten des „Cool Climate" wird SO_2 eher positiv beurteilt; je südlicher man in die „Hot Climate"-Regionen kommt, desto kritischer wird erkennbares freies Schwefeldioxid im Wein von den Winzern beurteilt.

Essigsäure und flüchtige Säuren

Der Name Essigsäure rührt daher, dass sie nicht nur sauer schmeckt, sondern auch noch spezifische Aromen mitbringt. Essigsäure wie auch flüchtige Säuren lösen ab gewissen Konzentrationen heftige haptische Irritationen in Nase und Mund aus. Diese werden von stechend bis kratzig über rau und bisweilen auch scharf beurteilt. Scharf sind sie aber nicht! Sie lassen sich zudem aus dem Wein „herausschütteln".

Es gilt zu unterscheiden zwischen **Essigsäureethylester**, dessen Geruch stark an Klebstoff erinnert, und **Aceton**, der wie Nagellackentferner riecht. Beide riechbaren Stoffe sind flüchtige Säuren, haben jedoch vollkommen unterschiedliche Entstehungsursachen:

- Der **Ethylester** entsteht zum Teil aus dem Oxidationsprozess als direkte Weiteroxidation des Ethanals (Acetaldehyd) zur Essigsäure, die dann wiederum mit Alkohol verestert. Die Essigsäure ist erkennbar an einem Kratzen in den Taschenwangen und im hinteren Mundbereich. Reife, inhaltsstofflich reiche Weine wie große Bordeaux, Chiantis oder auch Barolos haben nicht selten erhebliche Mengen an flüchtigen Säuren. Durch reduktiveres Arbeiten (SO_2-Einsatz) oder Hygienemaßnahmen ließe sich dieser Stoff verhindern.
- **Aceton** hingegen entwickeln Wildhefen bei der schleppenden alkoholischen Gärung, oft mit Mannit und anderen mikrobiologischen, aromatischen Erscheinungen/Belastungen, wenn die Hefen in den ketonen Stoffwechsel rutschen. Aceton entsteht ebenso durch Buttersäure- oder Essigsäurebakterien. Es kann daher zum Aromaspektrum eines „spontan" vergorenen Weins gehören. Ob dieser dann noch als charaktervoll oder schon als fehlerhaft beurteilt wird, obliegt dem Prüfteam (es kann z. B. entsprechende Herstellungsverfahren relativieren). (Das Aceton sollte keinesfalls mit dem Acetoin verwechselt werden. Acetoin wird durch Milchsäure und von einigen Stämmen der Enterobakterien gebildet, vor allem im anaeroben Bereich bei reduktiver Stilistik beim Glukoseabbau. Unter Oxidation wird es zum Diacetyl [Butteraroma].)

Jeder Wein hat einen mehr oder weniger großen Anteil dieser Säuren. Die Leitsubstanz ist die Essigsäure. Buttersäure oder Ameisensäure u. a. gehören auch zu den flüchtigen Säuren. Sie werden vom Winzer als Krankheit (siehe S. 48 f.) bezeichnet, weil sie aus mikrobiologischer Belastung im Jungweinstadium einerseits oder andererseits aus Oxidation des Alkohols im Wein entstehen.

Der Gesetzgeber gibt für flüchtige Säuren in Wein folgende Höchstgrenzen an:

- Weißwein: 1,08 g/l
- Rotwein: 1,2 g/l
- Beerenauslese und Eiswein: 1,8 g/l
- Trockenbeerenauslese: 2,1 g/l

Geringe Konzentrationen, die unter der Wahrnehmungsschwelle liegen, sind auch verantwortlich für fruchtig riechende Esterverbindungen, also Gerüche z. B. nach Birne oder Rum, Apfel, Ananas, Jasmin oder Erdbeere.

Der Effekt flüchtiger Säuren wird gern unreflektiert als der von Essigsäure interpretiert. Dabei können aus der „biologischen Aktivität" viele positive Aromen entstehen. Es gilt hier also etwas trennschärfer zu urteilen.

Expertenwissen

Es handelt sich bei der Wahrnehmung neurologisch um einen transduktiven Aspekt der Reizweiterleitung, nämlich den der Signalamplifikation als deutliche Reizverstärkung. Bei solchen haptisch intensiven Wahrnehmungen sind viele Enzyme und sekundäre Botenstoffe wie Adrenalin, Serotonin, Dopamin, Glutamat, Acetylcholin und viele andere Neurotransmitter an den Synapsen beteiligt.

Süße

Die Süße im Wein kann als tragend, kaum schmeckbar, unterstützend, süß, deutlich süß, sehr süß, bis hin zu klebrig beschrieben werden. Sie entsteht durch Fruktose und Glukose. Beide Zuckerarten kommen in der Traube zu jeweils gleichen Teilen vor. Die Glukose jedoch vergärt im Most zuerst, und so bleibt die Fruktose als „natürliche" Restsüße am Ende der Gärung im Wein über. Sie schmeckt fast doppelt so süß wie die Glukose, wirkt weniger klebrig und hat zusätzlich einen leichten aromaverstärkenden Effekt.

Glukose kommt in Form der Süßreserve wieder in den Wein. Bei hohen Säurewerten kann dann ein Süß-Sauer-Effekt (Glukose und Apfelsäure) entstehen.

Ebenfalls süß schmecken höherwertige Alkohole wie Glyzerin. Alkoholreiche Weine können so trotz trockenen Ausbaus einen süßlichen Geschmack erlangen. Achtung: Ethanol hingegen schmeckt nicht süß!

Reintönigkeit

Die Reintönigkeit ist schwierig zu definieren, da unter dem Begriff Verschiedenes verstanden wird. So kann sie sich auf Vinifikation, Sortentypus und herkunftsbezogenen Dufttyp beziehen. Doch wer entscheidet, wie z. B. ein Riesling zu riechen hat? Letztlich gibt es hier keine zeitlos gültigen Werte, sondern Trends, daher spielt die Reintönigkeit bei einer Testung nach PAR keine Rolle – auch weil nach dieser Methode jeder Wein für sich bewertet und nicht an Normerwartungen gemessen wird.

> **Beispiele für die Beschreibung der Reintönigkeit:**
>
> „Moderne Vinifikation, reduktiv, und temperaturkontrollierte Gärmaßnahmen, mit klassischem Sortentypus für Riesling mit den Duftnoten Zitrus, Apfel, Pfirsich und dem Duftspektrum z. B. der Mittelmosel."
> „Ein Chardonnay, modern vinifiziert mit Aromen von Birne, Mandel, reifem Apfel bis Banane mit klassischem Spektrum des Veneto."
> „Ein Wein mit klassischer, traditioneller Gärführung mit mehr vegetabilen bis mineralischen Assoziationen bei Riesling."
> „Grüne und gelbfruchtige Noten bei Chardonnay."

Beim Thema Reintönigkeit werden meist auch die gängigen „Fehler" im Wein angesprochen. Bei PAR hingegen gibt es keine Fehler, sondern Abweichungen mit entsprechender Bewertung, da sie immer abhängig sind von der Herkunft und Machart. Das Prinzip der guten fachlichen Praxis zählt mehr, denn Handwerksfehler sollten nicht dem Terroir zugeschreiben werden.

Abgang/Nachhall/Finale

Es macht Sinn, den Nachgeschmack erst einmal zeitlich zu fassen und dann erst mit olfaktorischen bzw. gustatorischen Empfindungen zu beschreiben. Doch leider sind Anfang und Ende des Nachhalls nicht festgelegt: Ob er also als lang oder kurz empfunden wird, unterscheidet sich von Tester zu Tester; er ist auch immer persönlich zu begründen: „Für mich hat der Wein einen langen/mittleren/kurzen Nachhall."

Als „deutlich" könnte man den Abgang bezeichnen, wenn alle Inhaltsstoffe und deren Wirkung lange vorhanden sind. In Frankreich gibt es die Tradition, das nachhaltige Empfinden in Sekunden zu messen (in Drei-Sekunden-Schritten).

Harmonie/Balance

Harmonie meint: Die Einzelkomponenten sind gut ausbalanciert; es stechen nicht einzelne Inhaltsstoffe hervor; gleichmäßiges Erleben im Mund ist gewährleistet, ohne auffallende Ecken und Kanten. Doch all dies ist wie die Reintönigkeit schwer zu umreißen – die Harmonie wird bei ein und demselben Wein von jedem Tester verschieden beschrieben und beurteilt.

Im PAR-System verzichten wir daher auf den Begriff „Harmonie" und sprechen stattdessen von „Balance". „Viel Balance" würde einem runden, weichen, möglicherweise etwas langweiligen Wein entsprechen; „wenig Balance" wäre „charaktervoll", wie es oft bei jungen Rotweinen zu beobachten ist.

Ob viel oder weniger Balance gut oder schlecht ist, entscheidet wieder jeder selbst: Im PAR-Bogen ist „viel" bzw. „wenig Balance" daher nicht per se immer gut oder schlecht.

Reifungspotenzial, Lagerfähigkeit

Reifungspotenzial erlangt ein Wein in der Regel, wenn er eine hohe Konzentration an Inhaltsstoffen, wie Extrakt, Säuren, Alkohol, Gerbstoffen …, enthält. Das Oxidationspotenzial und die damit verbundene Lagerfähigkeit erhöhen sich dadurch. Das heißt: Je mehr Inhaltsstoffe in einem Wein vorhanden sind, desto höher wird sein Potenzial eingeschätzt.

Das Potenzial wird bei PAR durch Angaben dokumentiert:

1. **Der Status quo**
   Die Tester geben an, zu welchem Jahr der Wein bei guter Lagerung (also z. B. nicht in der Sonne) so bleibt, wie er sich zum Zeitpunkt der Prüfung darstellt.
2. **Entwicklungspotenzial**
   Die Tester geben an, wie lange es ihrer Erfahrung nach dauern wird, bis der Wein seinen maximalen Reifewert erreicht hat, bevor er deutlich oxidativ wird. Mit der Wahrnehmung von Acetaldehyd ist der Punkt meist erreicht. Das wird der Punkt sein, an dem die Redoxpotenziale aufgebraucht sind und der Wein seine Reifung abgeschlossen hat; der Moment, von dem an er altert, sich also nicht mehr verbessert im Sinne einer positiven Weiterentwicklung. Die Schätzung dieses Zeitpunkts lässt sich ableiten und üben. Es handelt sich also nicht um willkürliche Schätzungen, die jeglicher Grundlage entbehren.
3. **Optimale Trinkreife**
   Dies ist ein Erfahrungswert, der sich zusammensetzt aus Kenntnissen aus der Redoxwirkung, der Dichte und dem Reifepotential.

Die Reifung

Klima, Boden, Herkunft: Diese drei Faktoren sind verantwortlich für Wachstum und Reifezeitpunkt sowie Art der Reife der Trauben. Jede Einflussnahme – ob kurz- oder langfristig, gezielt oder unbeabsichtigt, auf einen oder auch nur auf Teile dieser drei Faktoren – wird das Rebenwachstum verändern und somit den Wein in seiner Ausprägung gestalten.
Die physiologische Reife (biologisch reif) steht gegen die technische Reife (biologisch unreif).
Die Arten der Reife sind:

- Zucker-Süße-Verhältnis in der Frucht
- Mineral-Säure-Verhältnis (Pufferung)
- aromatische Reife
- phenolische Reife (= die Reife der sekundären Pflanzenstoffe: wenn aus grünen Teilen der Pflanze holzige werden; hierzu zählen vor allem auch die Gerbstoffe, die zu den Polyphenolen gehören; diese Phenole sind einerseits aromatisch, sie sind aber andererseits auch für das Mundgefühl und die adstringierenden Charaktereigenschaften eines Weins verantwortlich)

Mit der Entscheidung, in welchem Reifezustand die Trauben geerntet werden, legen Winzer die Basis des späteren Weins. Die optimale Terroirprägung geht dabei von der physiologischen Reife aus, wenn der Samen in der Beere fortpflanzungsfähig ist.

Haptische Aspekte

Adstringenz

Die Adstringenz eines Weins kann als spröde, spitz, hart, grün, seidig, samtig, weich, rund, pelzig, kratzig wirkend bis bitter schmeckend oder eingebunden vs. nicht eingebunden beschrieben werden. Sie wird meist erst nach längerem Mundkontakt wahrgenommen.

Die Adstringenz ist deutlich abhängig vom flavonoiden (reifen) Anteil der Phenole, also der Farbe. Je mehr Farbe vorhanden ist, als desto weniger adstringent werden polymere Tannine wahrgenommen.

Die bei Rotweinen moderne Farbstabilisation durch den Zusatz von Flavonoiden (aus physiologisch reifen, polymeren Anthocyanen z. B. aus der Beerenhaut) und die gleichzeitige Mikrooxigenierung (direkter Sauerstoffeintrag in den Wein bzw. Most) noch monomerer Phenole begünstigt eine hohe Farbausbeute und somit eine verhaltende Adstringenz. Neurologisch vermutet man eine Blockerfunktion am Rezeptor. Ein weiterer Aspekt sind die dadurch weniger reaktiven Anteile des Tannins mit Proteinen im Mundspeichel. Je mehr nicht-denaturierte Eiweiße im Mund vorhanden sind, desto weniger stark der adstringierende Effekt. Diese Rotweine sind so „auf weich gemacht", dass keine Adstringenz mehr entsteht, jedoch sich ein dominant langanhaltendes phenolisches Mundgefühl (samtig, fluffy) entwickelt.

Wichtig ist noch die sensorische Unterscheidung von **hydrolysierten** und **kondensierten** Phenolen: Die hydrolysierten Phenole wirken härter, schmecken auch teils bitter und werden als „unharmonischer" empfunden. Sie kommen bei Weinen vor, die in kühleren Klimaten wachsen. Ein „richtiger" Bordeaux muss bisweilen auch hydrolysierte Phenole mitbringen, sonst würde er langweilig wirken. Bei „weichen", „internationalen fruchtigen", „fetten" Merlots z. B. will man das nicht.

Weine aus heißen Klimaten (Phenole reagieren in ihrer Reife auf Temperatur) beinhalten viele kondensierte Phenole, die samtig, weich, aber trotzdem intensiv ad-

Phenole (Gerbstoffe)

nicht-flavonoid	flavonoid
grün	braun
unreife Phenole (technologisch reif gelesene Trauben) – grüne Aromate; – können NICHT mit Sauerstoff reagieren – und dadurch nicht polymerisieren, – Eiweiß aufbrechen (verursacht keine Adstringenz). – Haptik eher hart, punktiert, stechend (keine Veränderung durch Lagerung) – keine reduktive Wirkung auf Wein	reife Phenole – fähig zu polymerisieren; – können Sauerstoff aufnehmen, – Eiweiß denaturieren; – dabei entsteht dichtes Mundgefühl, – Adstringenz, – Aroma (Peptide). Voraussetzung: • reife Phenole • ungeschönt (Eiweiß) • keine Schwefelgabe • Sauerstoff – wirken reduktiv auf den Wein.

stringierend wirken, je nach Vorhandensein der Anthocyane (Farbstoffe), nicht nach dem Polymerisationsgrad!

Durch Selektionsmaßnahmen kann der Winzer Einfluss auf die Anteile im Wein nehmen. Entrappen, längere oder kürzere Maischestandzeiten, reduktive oder oxidative Ausbauformen werden die Wirkung dieser unterschiedlichen Phenole beeinflussen.

Nach dem maximalen adstringierenden Höhepunkt in der Geschmacksdynamik bleibt das sogenannte phenolische Mundgefühl eine Abschwächung der Adstringenz durch die Anwesenheit von Eiweiß im Mundspeichel.

Adstringenz & Bitterkeit

Adstringenz ist wie Bitterkeit aber immer auch unter dem Aspekt der vorhandene Süße zu sehen (gleicher Rezeptor) und der Anwesenheit von noch nicht denaturiertem Eiweiß im Mund. So „mildert" Käse die Adstringenz aufgrund des Eiweißes (nach Reifegrad), wie Süße die Bitterkeit puffert.

Adstringenz und Bitterkeit werden rezeptoral aber vollkommen unterschiedlich wahrgenommen: Adstringenz haptisch, Bitterkeit gustatorisch. Beide sensorischen Muster laufen jedoch parallel ab.

Leider wird auf diesen Zusammenhang oft nicht hingewiesen, sondern es werden nur die spezifischen Inhaltsstoffe nach ihrer Spezifikation untersucht und gesehen statt in Kombination. Genaue sprachliche und sensorische Trennschärfe ist vonnöten, um sicher mit diesen Faktoren arbeiten zu können und um sie adäquat einzusetzen, einzuteilen und zu beurteilen. Vor allem das Redoxpotenzial, also die Lagerfähigkeit eines Weins, wird dadurch gut erkannt und kann entsprechend der Intensität und Art der Adstringenz angegeben werden.

Bitte also die Irritation der freien SO_2 weder mit Bitterkeit noch mit Adstringenz verwechseln!

Die sensorische Wirkung von Phenolen

Geruch:	Phenole sind aromatische Verbindungen und liefern die Grundlage für die Bildung von Peptiden (Aromen).
Geschmack:	3 Prozent der 300 verschiedenen Phenole schmecken bitter.
Haptik:	Je nach Reifegrad erzeugen Phenole ein mehr oder weniger dichtes Mundgefühl sowie eine mehr oder weniger starke Adstringenz. Nicht-flavonoide (unreife) Phenole verursachen keine Adstringenz, da sie kein Eiweiß denaturieren können.

unreife Phenole (in der Oxidation)	reife Phenole (in der Reduktion)	reife Phenole (in der Oxidation)
– keine Reaktion mit Sauerstoff → keine Polymerisation → keine Peptidbildung – Werden diese Weine ins Holz gegeben, extrahieren sie lediglich Holzaromen. Fruchtaromen gehen verloren (sofern kein SO_2 zugegeben wird).	– geringe Peptidbildung – Adstringenz bleibt	– hohe Peptidbildung – Adstringenz nimmt ab, wenn Anthocyane und Tannine sich verbinden.

Mängel, Fehler, Krankheiten und ihre Auswirkungen

Im Rahmen einer Weintestung ist es wichtig, die klassischen „Fehler" zu kennen und zu erkennen, um sie dann im Rahmen der Gesamteinschätzung in Relation zu anderen Aspekten zu setzen.

Mängel: Abweichungen von Standards

- zu geringer oder zu hoher SO_2-Gehalt (was allerdings zu gering oder zu hoch ist, wird in Europa vollkommen unterschiedlich beurteilt)
- zu geringer oder zu hoher Alkoholgehalt (doch wer sagt, was zu wenig oder aber zu viel ist?)

Fehler: Unerwünschte Veränderungen durch chemische oder physikalische Vorgänge oder durch Aufnahme fremder Stoffe

- Tetrachloranisol (TeCA) / Pentachlorphenol (PCA) / Trichloranisol (TCA) / Tribromanisol (TBA) – „Korkgeschmack": entsteht entweder durch eine Chlorverbindung (riecht deutlich und ist meist gut erkennbar) oder durch eine Bromverbindung (riecht meist nur muffig und ist schwer erkennbar, stört aber erheblich bei klaren und fruchtbetonten Weinen).
- Styrolgeschmack: erinnert an Plastik und Kunststoff; kommt heute nur noch selten vor, da kaum noch in Kunststofftanks ausgebaut wird.
- Oxidation/Ethanal (Acetaldehyd): Geruch nach überreifen Äpfeln und Fallobst, leicht stechend.
- Petrol, Trimethyl-1,2-dihydronaphthalin: Diesel- oder Petrolgeruch durch Abbau von Carotinoid, das in der Traube durch UV-Bestrahlung entsteht. Die Trauben, die in von Osten her entblätterten Rebzeilen gedeihen, erhalten deutlich mehr UV-Strahlung als die von Westen her entblätterten. Der Petrolton entwickelt sich dann relativ schnell nach der Abfüllung in der Flasche. Er kann aber auch durch echte Reifung in der Flasche erst nach Jahren entstehen. Ein und derselbe Aromaeindruck ist dann natürlich unterschiedlich zu beurteilen.
- UTA (2,2-Aminoacetophenon): Geruch, der nach Mottenpulver, Bohnerwachs und Akazienblüte erinnert. Er ist auf Stressfaktoren im Weinberg zurückzuführen: Wassermangel, Nährstoffmangel, meist bei großer Erntemenge.
- Böckser (H_2S) bei reduktiven Weinen: Geruch nach faulen Eiern oder abgezogenem Streichholz.
- Sorbinethylester: Geruch nach Geranie; entsteht, wenn anstatt Schwefel Sorbinsäure beim jungen Wein zur Konservierung eingesetzt wird und es dann doch zu einem biologischen Säureabbau kommt.
- Essigsäureethylester, der Ester der Essigsäure: Geruch nach Klebstoff.
- Bitterton/Acroleinstich: auf bakteriellen Abbau des Glyzerins in Reaktion mit Anthocyanen zurückzuführen.

Krankheiten: Beeinträchtigungen durch Mikroorganismen

- BSA: Homofermentative Milchsäurebakterien bilden das Diacetyl, welches nach Butter riecht. Sind heterofermentative Milchsäurebakterien aktiv bei der Umwandlung von Apfel- in Milchsäure, kommt es zum Sauerkrautgeruch (malolaktische „Gärung"). Die Wahrscheinlichkeit, dass ein BSA nach Sauerkraut riecht, liegt bei 60:40. Daher impfen die meisten Winzer ihre Moste oder Weine mit entsprechenden Bakterienstämmen, um einen Sauerkrautton zu vermeiden. Einige Keller besitzen jedoch eine stabile Hefe- und Bakterienflora, bei der sich der Winzer sicher sein kann, dass sich die richtigen „Kellerhelfer“ ansiedeln und aktiv sind.

- „Mäuseln“: Geruch nach Mäusepipi; entsteht bei mikrobiologischer Belastung der Weine und beim Selbstauflösungsprozess („Autolyse“) der Hefe, bei zu langem Hefelager. Dieser Eindruck ist oft mit Mercaptan parallel, der retronasal an Verwesungsgeruch erinnert.

Die Autolyse setzt bei vielen traditionellen Champagnern anfänglich aber auch überhaupt erst das Erkennungsaroma frei. Viele Aromen verändern ihren Geruchseindruck auch mit zunehmender Quantität, d. h., je mehr autolytische Aromen vorhanden sind.

- Buttersäure (Butanol): erinnert an den Geruch von Erbrochenem.
- Brettanomyces Dekkera bruxellensis: erinnert an den Geruch von Pferdeschweiß, Leder, teils auch Fäkalien.
- Schimmel/Geosmin/Erdton: entsteht durch bicyclischen Alkohol bzw. Abbau durch Cyanobakterien. Geosmine sind aber auch für viele Anklänge des „Sous bois“ (frz.: Unterholz) mit verantwortlich, auch Petrichor genannt: Für den schönen Duft nach schwerem Grauburgunder oder die erdige Note des Pinot Noir. Seit dem heißen Jahrgang 2018 weiß man, dass die Bakterien (Cyano), die die Geosmine verursachen, auf den grünen Teilen der Pflanze sitzen. Regnet es ab und zu, werden diese abgewaschen. In der langen Hitzeperiode 2018 wurden diese Aromastoffe quasi auf dem „Grün“ konzentriert und gelangten somit bei der Ernte in den Most.
- biogene Amine: Milchsäurebakterien.

Zur allgemeinen Erheiterung hier einige nicht ganz ernstgemeinte Zitate aus dem Testumfeld:

„Ist das schon Mineralität oder noch Schwefel?“
„Ein bisschen Brett ist nett.“ (bei fäkalem Aroma eines Merlots)
„Geil, aber schmeckt scheiße.“
„Wenn er hinten hätte, was ihm vorne fehlt, wäre das ein richtig guter Wein.“
„Weniger wäre mehr.“
„Dick und fett ist noch lange nicht gut.“
„Hanoi, a gleus Böckserle, des macht nix.“
Nach über dreißigjähriger Beschäftigung mit sensorisch-medizinischen Themen könnte ich die Liste beliebig lange fortsetzen …

Kapitel 5: Aromen erkennen und einteilen

Über 90 Prozent des „Geschmacks“ wird gerochen. Der Aromawahrnehmung fällt so die größte Beachtung zu – daher kommen wir hier in einem eigenen Kapitel noch einmal darauf zurück. Am Aroma erkennt man einen Wein, seine Stilistik, ebenso seine Herkunft und die daraus entstehende Typizität.

Denn das Traubenaroma ist abhängig von Standort, Sorte, Unterlage (so bei der amerikanischen Pfropfrebe) und vor allem Sonneneinstrahlung (= der entscheidende Faktor): So konnte Prof. Dr. Dieter Hoppmann in Untersuchungen beweisen, dass alle Vitis-Vinifera-Sorten grundsätzlich die gleichen Aromavorstufen besitzen, die dann durch die Faktoren Humidität, also Feuchtigkeit, Temperatur und Sonnenstrahlung (Infrarot und UV) aktiviert werden – jedoch nicht von den Mineralstoffen eines Gesteins.[5]

Diese Aussage war so einfach wie revolutionär: Das Aroma zeigt mit bis zu 90 Prozent das Terroir, also die Lage und die Herkunft, und den Jahrgang und dessen prägende Anteile. Extreme Jahrgänge prägen somit ebenso extrem die Reife und die Aromen der Rebe.

Ein definiertes Terroir, eine Lage, eine ausgeprägte Parzelle oder ein Schlag ist also so einzigartig wie ein Fingerabdruck. Nur muss der Winzer sein Handwerk verstehen, diese Alleinstellungsmerkmale in seinen Wein zu überführen (siehe S. 67 ff.).

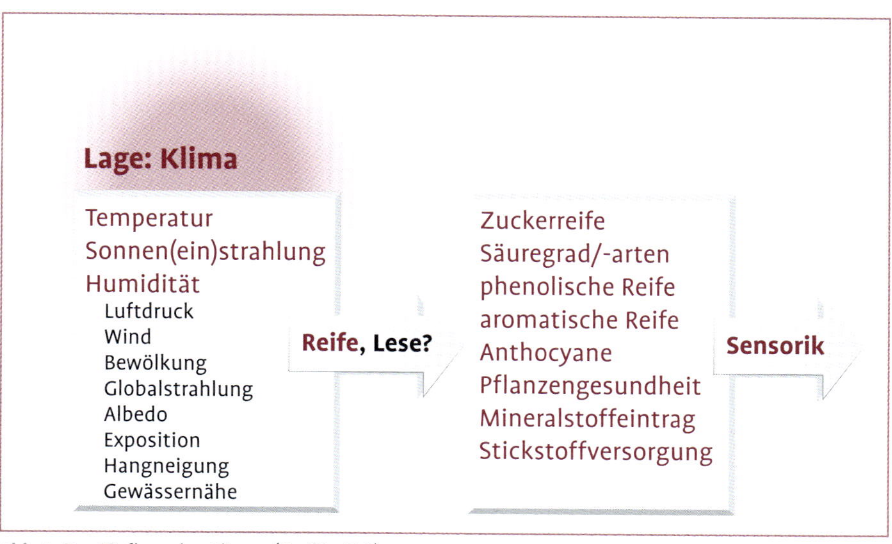

Abb. 8 Der Einfluss des Klimas (Grafik: PAR).

In wissenschaftlichen Arbeiten des DLR Neustadt/Weinstraße wurden im Rahmen einer Weiterbildung die prozentualen Zusammensetzungen des Terroirs folgendermaßen definiert: 20 Prozent Rebsorte, 20 Prozent Herkunft und 60 Prozent Vinifikation. Um diese Aussage verständlich zu machen und um zu verstehen, was hinter einer solchen vermeintlich lapidaren Information steckt, hier eine Auflistung der Komponenten, die für die Ausbildung von Aromaten in der Beere verantwortlich sind:

- Jahrgang
- Klon
- Nährstoffverfügbarkeit/Bodenaktivität
- Lichtverhältnisse/Beschattung
- Temperatur
- Strahlungsintensität (UV-Infrarot) → Carotinoid → Petrol
- Reife/Lesezeitpunkt
- Wasserversorgung
- Traubengesundheit
- Reduktion/Oxidation

Abhängigkeiten im Ausbau:

- Hefeauswahl
- Enzymaktivität
- Gärtemperatur
- Reduktion/Oxidation
- Hygiene
- Maischestandzeit (Extraktion)

Alle Maßnahmen, die im Weinberg oder im Keller erfolgen (oder gerade nicht erfolgen), haben sensorische Konsequenzen.

Eine Abhängigkeit des Aromas vom Gestein im Weinbaugebiet konnte bis heute nicht nachgewiesen werden – dass etwa aus einem Bundsandstein oder Schiefer ein eindeutiges Aroma entstehe. Dennoch liest man dies gelegentlich, z. B. auf Weinetiketten. Doch so sehr ich den Wunsch nach einer eindeutigen Gesteins-Aroma-Zuordnung nachvollziehen kann, sind solche Behauptungen mehr als zweifelhaft, falsch und unprofessionell und für den Verbraucher schlicht irreführend! Untersuchungen zeigen weiterhin, dass ca. 50 sogenannte Impactaromen aus einer Auswahl aus ca. tausend messbaren Aromen in der Beere die Erkennung einer Typizität zulassen. Die Sortentypizität herauszuarbeiten war in Deutschland lange das A und O der Weinbereitung und wird noch immer bei der Kammerprüfung abgefragt.

Aromagruppen und ihre Wirkung

Die Rebe birgt ca. tausend verschiedene Aromen. Diese werden nach neuesten Studien in folgende Gruppen eingeteilt:

- **Monoterpene**: organische Verbindungen, gebunden und ungebunden in den Trauben; der glykosidisch gebundene Anteil ist geruchlos; Freisetzung erfolgt erst im Verlauf der Weinbereitung; Vertreter: Linalool, Nerol, Geraniol, Terpineol.
  Geruchseindruck: blumig bis würzig.
- **Norisoprenoide:** Abbauprodukte (enzymatische Oxidation) von Carotinoiden.
  Geruchseindruck: reif-fruchtig, würzig, ätherisch bis holzig.
- **Methoxypyrazine:** Pyrazine (Impactaroma) sind Stickstoffverbindungen aus dem Aminosäurestoffwechsel der Pflanzen; sie entstehen aber auch bei Erhitzungsprozessen.
  Geruchseindruck: von erdig bis Paprika, grasig, grün, unreif bis gekocht.
- **Thiole:** schwefelhaltige Verbindung mit exotischen Geruchsnuancen; überwiegend in der Beerenhaut.
  Geruchseindruck: von faulig bis Cassis, Maracuja bis Zitronenschale.
- **Ester:** Verbindung aus Alkohol und Säure; Gäraroma (sekundär!), leicht flüchtig!

Geruchseindruck: Eisbonbon, Exotik, Gummibärchen.

Übrigens lassen sich alle aromatischen Eindrücke verschiedenster anderer Lebens- und Genussmittel diesen Gruppen zuordnen.

> Zu den Norisopenoiden gehören auch die **Damascenone**: sehr potente Duftstoffe, die vor allem sehr langanhaltend auf die Nase wirken. Das heißt, das Nasengefühl wird sehr intensiv und stoffig bis samtig. Bei weiterer Bescheinung der Beere mit UV-Strahlung entsteht dann das **TDN** (Trimethyl-Dihydronaphthalin, Petrol).
> Damascenone finden sich in ätherischen Ölen wieder. Sie verstärken weiter den Gesamteindruck eines Dufts und verursachen eines der beeindruckendsten und langanhaltendsten taktilen Erlebnisse trigeminaler Natur in und an der Nase (daher finden sie auch in vielen Waschmitteln und Parfüms Verwendung). Weine mit solchen Erlebnissen wecken Begeisterung. Egal, wie sie schmecken, sie werden fast ausnahmslos als „anmachend", „interessant", „bewegend" und „begeisternd" beschrieben. Ganz oft höre ich Sätze wie: „Der Wein schmeckt zwar nicht, der ist aber richtig geil."

Achtung: Nur weil man das Gäraroma eines Weins zuerst riecht, ist es noch lange kein Primäraroma, das aus der Beere stammt!

Die „alte" Einteilung der Aromen in Primäraromen (aus der Traube selbst), Sekundäraromen (gärungsbedingte Düfte) und Tertiäraromen (Lagerungs- oder Reifenoten) stellt sich zudem sehr ungenau dar; sie ist nicht ausreichend trennscharf. In den aufgeführten „neuen" Kategorien zu denken ermöglicht eine genauere quantitative Einteilung und Ableitung auf Klimakomponenten des Terroirs genauso wie auf die Stilistik und somit auf die Maßnahmen der Vinifikation.

Sicher gibt es auch bei den aufgeführten „neuen" Einteilungen Überschneidungen ihrer Herkunft. Die meisten der aufgeführten Aromagruppen sind in der Beere als „Aromavorstufe" vorhanden, wären also nach der alten Definition „primär". Sie werden jedoch erst während der Vinifikation, meist durch Hefen oder andere Mikroorganismen, aktiviert. Nur neu gebildete Aromen, wie die meisten Ester, entstehen in der Tat erst während der Gärung und sind somit sekundär. Unabhängig von ihrer Herkunft und Entstehung lassen sie sich für die Beschreibung nach dem Aromarad in Familien einteilen:

- blumig → Terpen → primär
- fruchtig-exotisch → Ester → sekundär
- fruchtig-thiolisch → primär
- grün-vegetabil, grasig → pyrazinisch primär
- grün-vegetabil, fruchtig → thiolisch primär
- grün-vegetabil, würzig → thiolisch primär
- kräutrig → thiolisch, ätherisch primär
- krautig → BSA (biologischer Säureabbau)/Oxidation sekundär/tertiär
- würzig → Norisoprenoid, phenolisch, primär
- röstig → Barrique, Chips etc., tertiär
- holzig → phenolisch, vinifikationsbedingt (Barrique, Maischestandzeit, Skincontact)
- erdig → Geosmin → mikrobiologisch
- mineralisch → Irritation der Nasenschleimhaut → kein Geruch (siehe S. 37 ff.)
- balsamisch → mikrobiologisch oxidativ tertiär
- animalisch → Brettanomyces, Hefen → mikrobiologisch/oxidativ
- chemische Noten, autolytische Hefe, tertiär

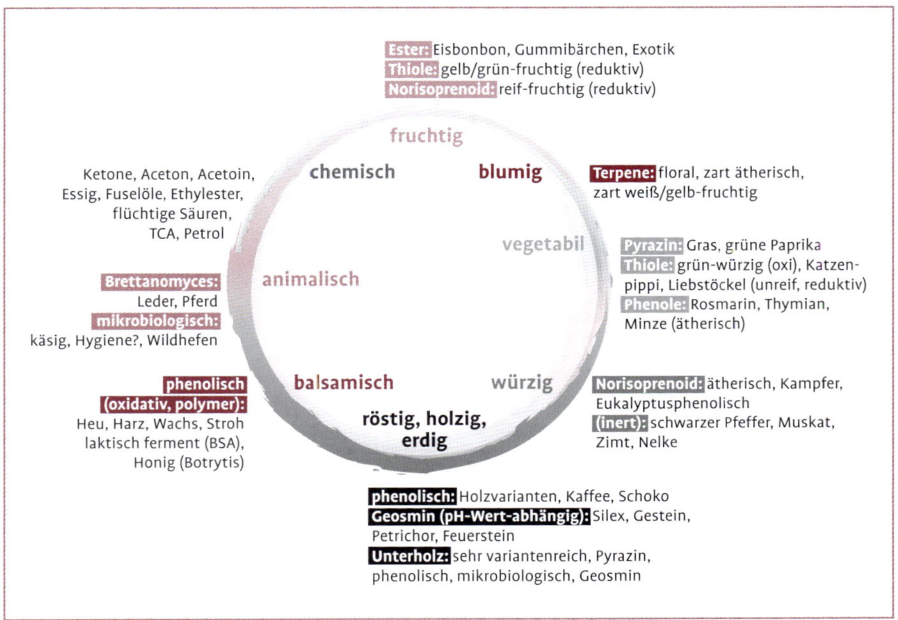

Abb. 9 Aromarad nach PAR.

Die aromatischen, ausschließlich riechbaren Eindrücke habe ich hier sehr vereinfacht kategorisiert. In der Praxis hilft diese Kategorisierung, den Wein während oder nach der Degustation einem Klima oder einer Stilistik zuzuordnen. Denn das Aroma lässt sich jeweils genau beschreiben, z. B.: „grün-würziger Duft nach frischen Gartenkräutern“ oder „fruchtiger Duft nach Zitrus und Apfel“.

Die Gesamtheit und die holistische Intensität der Aromen kann man zusammenfassen und als „verhalten“, „zart“, „dezent“, „dominant“, „ausgeprägt“, „aufdringlich“ etc. bezeichnen. Ein Aufsplitten des Gesamteindruckes ist zur Erhöhung des Wiedererkennungseffekts aber unerlässlich. Denn: Je allgemeiner eine Aussage, desto nichtssagender ihr Inhalt.

Das Entwicklungsstadium und seine Auswirkung

Beim Aroma eines Weins geht es auch um Oxidation und Reduktion: Bei der Oxidation (Reaktion mit Sauerstoff, Elektronenabgabe) verändern sich Aromen, bei der Reduktion bleiben bestimmte Aromen eher erhalten. Je mehr reduktive Anteile ein Wein besitzt, desto mehr Oxidationspotenzial bringt er mit. Eigene Reduktone sind Phenole, Alkohol, Aromen. Säuren hingegen gehören nicht dazu! Säure hält den Wein nicht reduktiv (höchste Oxidationsstufe). Säure wirkt eher in Richtung taktile Frische, Irritation, Geschmack. Süße und Säure verändern sich im Wein nicht. Sie sind stabile Faktoren, wenn sie auch in verschiedenen Reifezuständen des Weins verschieden wahrgenommen werden.

Das wirksamste zugesetzte Reduktiv ist SO_2. Mit Schwefel lässt sich auch der „kleinste" Wein haltbar machen. Zugesetzter Schwefel verändert jedoch nicht das Redoxpotenzial eines Weins (Reifungspotenzial). Er verhindert lediglich die Oxidation des Weins.

Dieses Redoxpotenzial scheint mit dem Stoff Damascenon auch dafür verantwortlich zu sein, wenn jemand begeistert von einem Wein spricht. Er muss gar nicht vordergründig gut schmecken, um diesen Effekt beim Menschen auszulösen.

In diesem Zusammenhang muss auch die Leitfähigkeit von Weinen genannt werden, die aufgrund der Elektronenabgabe (Elektronegativität) das Redoxpotenzial betreffen, aber auch eine Komponente des Begeisterungsindex darstellt. Vereinfacht könnte man sagen: Je mehr Elektronen (gelöste Salze) in einem Wein oder einer Speise vorhanden sind, desto höher ist der „Strom" (Signaltransduktion), der zu den Gehirnzentren geleitet wird. Desto mehr passiert auch an den Nerven, die Zähne, Zunge und Nase versorgen. Man kann es mit Kribbeln, seidig bis „dusty" (staubig), beschreiben.

Das Reifepotenzial liegt aber in seiner Komplexität, das heißt in seiner Veränderbarkeit unter dem Oxidationseffekt von Enzymen und sensorisch aktiven Inhaltsstoffen: Betroffen sind hier besonders flavonoide Phenole (Anthocyane), die zur Braunfärbung neigen, sowie Eiweiße, die unter Denaturierungseffekten Aminosäuren freisetzen und neue Peptide als Aromastoffe bilden, die dann natürlich tertiärer Natur wären.

Den Reifegrad eines Weins kann man z. B. entsprechend der Aromaassoziation einteilen in:

- „jugendlich-hefig"
- „geprägt von Gäraromen"
- „gereift", „reif"
- „auf der Höhe seiner Entwicklung"
- „alt"
- „firn"

Die Aromenvielfalt erkennen

Grob und etwas oberflächlich gesehen reicht es, bei einer Weintestung von Geruch und Geschmack eines Weins zu reden. Die Aromenvielfalt lässt sich aber besser benennen, wenn sie in eine zeitliche Abfolge eingeteilt wird. Folgendes Schema kann dabei helfen:

- **Erste Nase:** Aromen im ungeschwenkten Glas wahrnehmen und dokumentieren.
- **Zweite Nase:** Aromen im geschwenkten Glas wahrnehmen (mit Nasenirritation) und dokumentieren.
- **Dritte Nase:** Aromen nach mehrmaligen Schwenken des Glases wahrnehmen und dokumentieren.

Beispiel: „Im ungeschwenkten Glas / Zuerst kann man fruchtige Aromen von Apfel und Birne riechen, gefolgt von würzigen Komponenten, und beim intensiveren Riechen kommen balsamische Noten hinzu."

Ebenso verfährt man bei der Geschmacksbeschreibung:

- **Erster Geschmack:** süß, sauer, salzig, bitter wahrnehmen und dokumentieren.
- **Zweiter Geschmack:** das spontane Mundgefühl und Geschmackseinheiten wahrnehmen und dokumentieren.
- **Dritter Geschmack:** nach dem Höhepunkt den Nachgeschmack, die Bitteranteile und den adstringierenden Effekt beurteilen sowie die Länge der Irritationen mit den Begleiteffekten, wie Wärme und Volumenwirkung.

Das jeweils Dokumentierte ist abschließend in einer Beschreibung nochmals zusammenzufassen.

Zur Erinnerung: Je dokumentativer diese Weinbeschreibung ausfällt, desto eher können die Rezipienten selbst ein Urteil fällen. Sie fühlen sich nicht bevormundet oder manipuliert. Je einfacher und prägnanter eine Beschreibung ist, desto höher die Akzeptanz.

Die im PAR-Bogen dokumentierten sensorischen Ausprägungen mit der qualitativen Einschätzung ermöglichen es oft, am Schluss einer Beschreibung kausale Zusammenhänge abzuleiten, die am Ende z. B. in einer Expertise stehen können. Hier kann man weitere Besonderheiten herausstellen, die vielleicht im Bogen nicht gleich zu erkennen sind.

Beispiele:
„Ein besonders fruchtiger Chardonnay moderner Machart …"
„Ein charaktervoller Rotwein mit würzigen Reifenoten …"

Kapitel 6: Der Zusammenhang zwischen An- und Ausbau und Produkt

Terroir oder die Herkunft der Trauben prägen ihre Eigenschaften zu 80 Prozent. Die restlichen 20 Prozent kommen von der Rebe selbst: ihrem Sortentypus.

Die Prägung des Terroirs ist sie Ausgangsbasis, mit der ein Wein bis ins Detail erklärt werden kann. Weine lassen sich nach Boden, Klima und Bedingungen, unter denen die Reben gewachsen sind, einteilen. Ein weiterer sehr prägender Faktor ist der Mensch, der über den Anbau (Reb-Erziehung) und den Ausbaustil entscheidet und somit massiv in das Geschehen der Weinwerdung eingreift.

> Sie kennen wahrscheinlich die Situation: Man sitzt zusammen, bekommt einen Wein eingeschenkt, und dann heißt es: „Sag doch mal was zu dem Wein – du kennst dich doch aus!" Welch undankbare Frage! Denn wo fängt man da an zu erklären? Was will der oder die Fragende hören, was ist wichtig?

Unter Weinkennern gilt es immer noch als besonders attraktiv, wenn man es schafft, aus einem Wein die Sorte, seine Herkunft und vielleicht sogar den Winzer oder zumindest dessen Philosophie oder, wie es oft so schön heißt, dessen „Handschrift" herauszubekommen. Zugrunde liegt hier die Kenntnis des Zusammenhangs, warum der Wein so schmeckt, wie er schmeckt.

Aber wie erwirbt man dieses Wissen, und wie können wir sicher sein, dass unsere Rückschlüsse überhaupt stimmen? Um ehrlich zu sein, etwas Glück ist schon dabei. Und wer das abstreitet, ist entweder genial – oder lügt. Um die Wahrscheinlichkeit zu erhöhen, dass das Erkennen von Erfolg gekrönt ist, sehen wir uns die Zusammenhänge zwischen Terroir, Anbauart und Produkt in diesem Kapitel genauer an.

Doch zuvor treten wir erst einmal einen Schritt zurück …

Ursprünglich hat die Rebe ja nur eines „im Sinn" mit der Produktion ihrer Früchte: nämlich ihre Art zu erhalten. Vögel kommen, fressen die süßen Trauben, tragen den Samen in Form der Traubenkerne weiter und sorgen so für die Verbreitung und Vermehrung der Art. Die Trauben brauchen also eine gewisse Attraktivität, um Lebewesen anzuziehen. Die Attraktivität liegt im Aroma, in der Süße und in ihrem Zusammenspiel mit der Säure – so würde man das aus menschlicher Sicht erklären.

Beim Beobachten von Wildschweinen, Füchsen oder Rehen an einem am Waldrand gelegenen Weinberg, die sich an dessen Trauben gütlich taten, dachte ich mir schon oft: „Schau, auch denen schmeckt das gut." Denn in gleicher Weise untersuchen Winzer die „Qualität" der Beeren: indem sie sie probieren. Sie müssen reif sein, sie müssen gut schmecken. Doch ab wann schmecken die Tauben gut? Welche Kriterien müssen erfüllt sein?

Trauben sind reif, wenn

- das Zusammenspiel aus Säure und Süße ausgewogen ist,
- die Kerne sich braun gefärbt haben (physiologische Reife – sie sind nun keimfähig),

- die reifen Phenole fähig sind, mit Eiweiß zu reagieren (daraus entstehen Umami und Kokumi, siehe S. 103),
- die aromatische Reife erreicht ist (umgangssprachlich: wenn die Traube nach etwas schmeckt; gemeint ist: wenn die Traube aromatisch ist, also intensiv riecht).

Wer hat's erfunden – und wann?

Wein ist ein ca. 8000 Jahre altes Kulturgut – die Menschen erfanden seine Herstellung, entwickelten sie weiter und systematisierten sie. Wie man ursprünglich wohl darauf kam, Trauben zu sammeln, sie zu pressen, um Saft zu gewinnen, und diesen dann in einem Gefäß zu vergären, bis daraus Wein entstand? Möglicherweise hat hier, wie so oft, der Zufall eine bedeutende Rolle gespielt. Auch die Wirkung des Alkohols war in der Erfolgsstory des Weins sicher ein wichtiger Faktor, denn die Flüssigkeit, die bei dem Prozess entstand, ließ sich gut trinken; sie machte „fröhlich". So gibt es bereits aus der Antike Berichte über den Abusus von Wein. In der Bibel lesen wir etwa von Noah, dem ersten Weinbergpflanzer (Genesis 9, 20), der dem süßen Produkt wohl öfter gefrönt hat.

Die Sucht – so alt wie der Wein selbst

Gerne wurde und wird auch die angeblich desinfizierende oder zumindest bakteriostatische Wirkung von Alkohol herangezogen, um das Trinken von Wein oder anderen alkoholischen Getränken zu rechtfertigen. Doch Alkohol wirkt erst ab einer Konzentration von 50–80 Vol.-% in wässeriger Lösung signifikant anti-mikrobiologisch und somit stabilisierend und desinfizierend; unter 20 Vol.-% fehlt diese Eigenschaft völlig. Und auch der „Verdauungsschluck" nach einem reichhaltigen Mahl hat nicht die Wirkung, die sein Name verspricht. An dieser Stelle muss eindeutig gesagt werden: Der Konsum von Alkohol ist und bleibt für den menschlichen Organismus toxisch. Es gibt keinen Eintrag von Ethanol in den menschlichen Organismus, der nicht schädigend wäre, in welcher Form auch immer. Sehr gute Informationen zu diesem Thema gibt es bei der DWA, der Deutschen Weinakademie.

Klima, Boden, Herkunft

Diese drei Faktoren sind verantwortlich für die Reife der Trauben.

Klima

Das Klima, bestehend aus Temperatur, Feuchtigkeit (Humidität) und Sonneneinstrahlung (Infrarot und UV) und -intensität, sorgt laut Prof. Dr. Dieter Hoppmann für das Wachstum, die Ausbildung spezifischer Aromen, die Reife und die Ausprägung der Trauben.[6] In gleicher Weise unterscheidet sich z. B. in Deutschland gewachsener Rosmarin sensorisch vollkommen von einer Pflanze derselben Art, die in der Provence gewachsen ist. „Na klar", sagen Sie jetzt vielleicht, „dort ist es ja auch viel wärmer, und es scheint mehr die Sonne als hier in Deutschland." Und tatsächlich ist es so, dass höhere Temperaturen reifere sekundäre Pflanzstoffe (Phenole) hervorbringen und sich ätherische Öle in den Pflanzen bilden, die wir dann als intensiveres Aroma wahrnehmen. Rosmarin – um bei dem Beispiel zu bleiben – wächst auch in den nördlichen Breiten, nur seine aromatische Ausprägung unterscheidet sich deutlich von dem aus wärmeren Klimaten rund ums Mittelmeer.

Das gleiche gilt für Reben. Eine hier, im „Cool Climate" in Deutschland gewachsene Rieslingrebe stellt sich vollkommen anders dar als die gleiche Pflanze, die im Süden Spaniens gewachsen ist: Andere Aromen, andere Säurewerte, das ganze Wachstum und die Reife unterscheiden sich unter anderen klimatischen Bedingungen in vielem. Diese Unterschiede herauszufinden sowie exakt und trennscharf zu begründen, warum das so ist, und die wichtigsten Bedingungen dann so zu erklären, dass sich diese Aussagen nachvollziehen lassen – darum geht es uns in der Wein-Sensorik.

Die viel gesuchte Typizität, z. B. von Riesling, liegt nicht in der Pflanze selbst, sondern ist vielmehr davon geprägt, wo sie gewachsen ist.

Hier eine Übersicht über die Klimafaktoren, die diese Unterschiede bewirken:

Klima	**Meteorologie der Lage:** für ein bestimmtes geografisches Gebiet prägender, jährlicher Ablauf der Witterung **Messgrößen:** • Temperatur: max. bis min. pro 24 Std. sowie Jahresmittel in Luft und Boden; Wärmeleitung • Luftdruck, Luftdichte (Höhenlage) • Wind: Luftbewegung, Fallwinde, Auftrieb • Humidität: Niederschlagsmenge und -art, Luftfeuchtigkeit, Taupunkt • Sonne: Scheindauer, Strahlungsintensität, Bestrahlungsstärke, Radiometrie (Infrarot-, UV- und γ-Strahlung) • Bewölkung: Häufigkeit, Art, Dichte, Durchlässigkeit • Globalstrahlung • Albedo (Reflektionsstrahlung)

Für Wein unterscheidet man grob warme und kalte Klimate: Bereiche rund ums Mittelmeer, Australiens, Südafrika und Teile Südamerikas zählen z. B. zum „Hot Climate“, eher nördlich gelegene Anbauländer wie Deutschland, Österreich, England oder Dänemark sowie weit südliche wie Neuseeland zum „Cool Climate“. Etwas differenzierter in Bezug auf die Anreicherungsmöglichkeiten zeigt die EG-Verordnung die Zonen im Gebiet der EU (siehe Abbildung auf S. 59).

Im „Cool Climate“ sind zwar die Vegetationszeiten kürzer, dafür aber die Reifezeiten länger.

Je länger die Früchte mit der Pflanze in Verbindung sind, desto höher ist der Eintrag von Mineralstoffen und desto länger können die drei Faktoren Humidität, Sonnenstrahlung und Temperatur auf die Pflanze einwirken. Je länger die Frucht reifen kann, desto aromatischer wird sie.

Je größer die Temperaturunterschiede zwischen Tag und Nacht sind, desto größer die aromatische Ausbeute.

Daher ist nicht nur die südliche oder nördliche Breite einer Herkunft zu beachten, sondern auch die Höhenlage (Temperatur und Taupunkt) und die Ausrichtung zur Sonne (Exposition). Denn der Eintrag von weißem Licht beeinflusst die Zuckerleistung eines Blatts, und die Strahlungsarten Infrarot (Wärme → Phenolreife) und UV aktivieren tiefer in der Beerenhaut liegende Aromastoffe (Thiole).

Aus diesem Grund ist z. B. ein im Alten Land bei Hamburg gewachsener Apfel wesentlich aromatischer, aber wahrscheinlich auch saurer und möglicherweise weniger süß als der gleiche Apfel aus Südtirol, dessen Aromakomplexität geringer, aber eindeutiger und reifer ist (gelbfruchtig). Was den Apfel aus dem Alten Land aber besonders prägen wird, ist der vermehrte Eintrag von Mineralstoffen aufgrund der längeren Reifeperiode im „Cool Climate“. Er bringt eine wesentlich größere mineralische Dichte und somit ein intensiveres Mundgefühl mit sich. Denn Säure und Mineralsalze sind hauptverantwortlich für die Intensität und die Länge (Persistenz) einer haptischen Wahrnehmung.

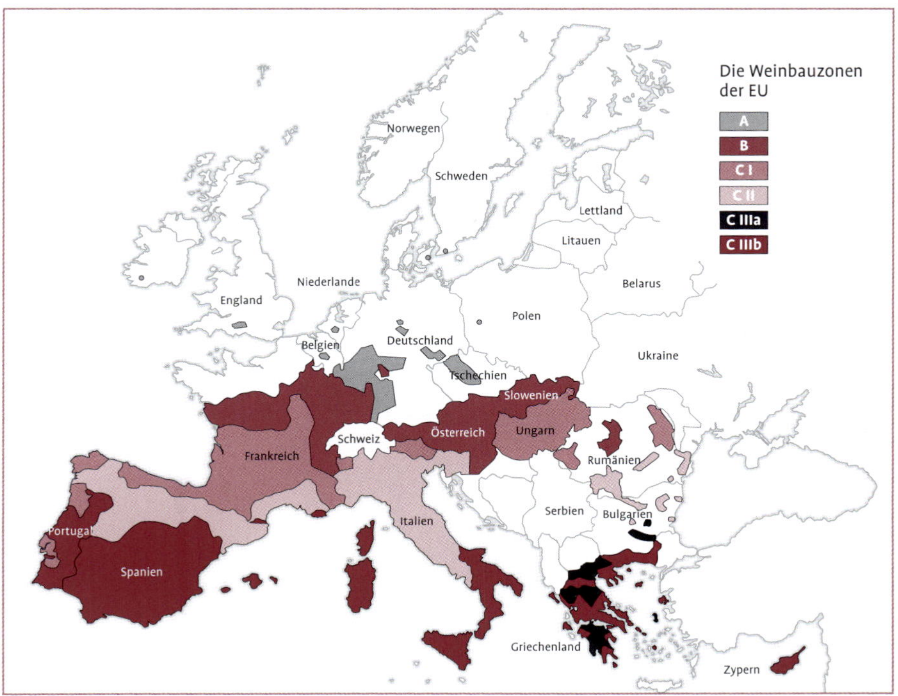

Abb. 10 Weinbauzonen in der EU gemäß der EG-Verordnung Nr. 479/2008 des Rates der EU vom 29. April 2008; in Kraft seit dem 1. August 2009 (Abl. Nr. L 148/1).

Klimatologisch unterscheidet man:

- maritimes Klima: in Meeresnähe mit großen Wasser- und Landflächen; deutliche Temperaturunterschiede zwischen Tag und Nacht
- kontinentales Klima: in Meeresferne; heiße Sommer, sehr kalte Winter
- mediterranes Klima: gemäßigt; milde Winter, nicht zu heiße Sommer

Großklimatische Bedingungen wie bei Höhenlage, Meeresnähe, Süd- bis Südwestlage, in durch Berge und Hänge beschatteten Gebieten oder aber der Sonne ausgesetzten Regionen erzeugen bei Früchten und Gemüsen sicher eine gewisse „Grundtypizität“. Die kleinen, feinen Unterschiede vor Ort in der Kleinstlage (Mikroklima) übernehmen (neben Pflanzdichte und Pflanzenalter) gewissermaßen das „Feintuning“ vor allem am Aroma: Windverhältnisse und Regenverteilung sowie die Tag-Nacht-Temperaturamplitude (wichtig für den Taupunkt).

Die Lage mit ihren klimatischen Eigenschaften ist für die Ausprägung der Aromen die wichtigste Größe und somit bestimmend für das Terroir.

Boden

Der Boden ist einer der komplexesten und sensibelsten biologischen Systeme überhaupt. Oft über Jahrmillionen gebildet, stellt er die Grundlage der menschlichen Ernährung dar. Ohne ihn gäbe es kein Pflanzenwachstum, keine Tiere, keine Menschen, keine Weinkultur. Sein Zustand beeinflusst das Wachstum der Pflanze insgesamt und die mineralische Ausprägung der Weine.

Der primäre Boden

Das Ausgangsgestein (wie Festgestein oder Lockersedimente) wird durch Prozesse der Verwitterung in kleinste Teile zerlegt. Daraus entsteht der „primäre Boden". Diese kleinsten Gesteinsteilchen sind zwar vorhanden, stehen aber der Rebe aufgrund fester Ionenbindungen nicht oder nur zu einem sehr geringen Anteil von bis zu 2 Prozent zur Verfügung.[7]

Die spezifische Mineralstoffzusammensetzung begünstigt oder hemmt die Ansiedelung verschiedener Mikroorganismen, die in der Lage sind, Humus und organisches Material z. B. aus Pionierpflanzen, Mist oder Kompost, so aufzubrechen, dass die Nährstoffe für die Pflanze verwertbar sind. Die so zur Verfügung stehenden Salze der Mineralstoffe vermischen sich kontinuierlich mit organischem Substrat und Luft im Porenraum des Bodens. Das vorhandene Wasser löst sie, und die Pflanze kann sie über die Haarwurzeln aufnehmen.

Die Gesteinsart beeinflusst also nur in geringem Maße und indirekt über spezifische Mikroorganismen die Mineralisierung und die Ernährung der Rebe. Die Pflanze nimmt immer die gleichen Nährstoffe auf, egal auf welchem Gestein der Boden liegt. So sind auch spezifische Gesteinsmineralisierungen im Wein noch nicht nachgewiesen worden: Der anorganische Teil in der Beere, der eigentlich die Bodenspezifika widerspiegelt, wird im sogenannten zuckerfreien Extrakt gemessen. 1–3 Gramm pro Liter Wein entsprechen den Mineralstoffen, wie Magnesium, Kalium, Kalzium etc. Und eben daraus lässt sich folgern, dass der „Gesteinsanteil" wenig oder allenfalls minimal ausschlaggebend ist für die spezifische Mineralisierung des Weins. Vor allem der Kaliumanteil ist an der Wahrnehmung „mineralisch" beteiligt, zudem der pH-Wert des Weins.

Gleiches gilt für die Aromatik: Mineralstoffe, vor allem Stickstoff, braucht die Pflanze zwar, um Aromavorstufen zu bilden, eine Behauptung wie „auf Sandstein wachsen fruchtigere Weine" jedoch ist so nicht möglich. Es sind immer klimabedingte Varianten (siehe S. 57), die das Aroma in der Beere prägen.

Die tiefe Wurzelung alter Rebstöcke wirkt sich lediglich auf die Wasserversorgung der Pflanze aus und nicht auf die Mineralstoffaufnahme. Die Nährstoffversorgung erfolgt zu 80 Prozent aus den ersten 40–60 Zentimetern der lebendigen Erde, ausschließlich dem humosen Anteil, der durch aktive Bodenlebewesen umgewandelt wird in verfügbare Nährstoffe.

Der sekundäre Boden

… macht also den Unterschied.

Eine kontinuierliche Belebung des Bodens mit Mikroorganismen, Pilzen, Würmern und anderer Fauna führt zu einer Krümelung und Bildung von Komplexen aus Tonmineralien und Humus. Der Boden wird auf diese Weise lockerer sowie besser durchlüftet und kann mehr Wasser speichern – es entsteht „sekundärer Boden". Dieser kann verschiedene Formen von Mineralien und Stickstoffen bereitstellen: die Basis für einen „guten" vom Boden geprägten Wein.

Die Belüftung bringt jedoch nur im oberen Boden einen positiven Effekt, nämlich dort, wo sich aerobe Bakterien wohlfühlen. Eine Umwälzung des Bodes durch Tiefpflügen (Tiefgrubber) ist für die anaeroben Bakterienstämme in tieferliegenden Horizonten kontraindiziert.

Für den Erhalt der Bodengesundheit ist es wichtig, durch organische Materialien regelmäßig Humus aufzubauen, etwa durch Begrünung („Gründüngung“) und Verteilen von Komposten mit ihrer massiven mikrobiologischen Aktivität – denn je nach Nutzung, Pflege, Aufbau oder Ausbeutung verändert sich der Bodentyp:

- In einem verdichteten Boden, z. B. bedingt durch den Druck schwerer Maschinen (Traktoren) in vielleicht noch dazu hoher Fahrfrequenz, kann die Pflanze nur noch schwer Wurzeln ausbilden: die Ursache vieler Mangelversorgungen.
- Durch Einsatz von Herbiziden (Unkrautvernichter) und zusätzliche mineralisch-synthetische Düngung, einhergehend mit maximierter künstlicher Bewässerung, kann der Boden versalzen und die mikrobiologische Aktivität abnehmen.

> Auf den Punkt gebracht: Beim Boden ist vor allem der humose Anteil ausschlaggebend für das Wachstum der Beeren und die Einlagerung von Mineralstoffen. Je begrünter der Boden (Biodiversität) und je mehr Bodenlebewesen und mikrobiologische Faktoren aktiv sind, desto effektiver, vielfältiger und ausgewogener wird die Pflanze versorgt. Die Pflanze kann ohne Mangelerscheinung und Kompensationsmechanismen wachsen und quasi als „Nebeneffekt“ natürliche Mineralstoffe einlagern.

Besonderheit: Kalkboden

Immer wieder wird behauptet, der Boden, und hier vor allem das Gestein – z. B. Granit, Buntsandstein, Keuper, Schiefer oder Kalk –, würden den Wein aromatisch prägen, leider aber ohne eine genaue Beschreibung, inwiefern etwa der Riesling anders riecht, wenn er auf Granit wächst statt im lehmhaltigen Boden. Auch dass die „burgundische Stilistik“ durch „schwere“ Böden geprägt sei, ist in dieser einfachen Argumentation nicht haltbar.

Ein sensorischer Unterschied lässt sich nur bei Kalkböden feststellen: Eine Pflanze, die auf einem Kalkboden mit hohem pH-Wert wächst, kommt schlechter an Nährstoffe. Doch eine Rebe ist eine Pionierpflanze und vermag, H^+-Ionen an ihrer Wurzel in den Boden einzutragen und so den pH-Wert zu senken, um besser an die Nähstoffe zu gelangen. Die Pflanze puffert also mehr Säuren, und später im Wein sind durch die höhere Nährstoffaufnahme mehr Mineralstoffe (Asche/Extrakt) enthalten. Die Säuren im Wein können also gar nicht durch Kalk im Boden chemisch gepuffert sein, weil dieser Effekt ja schon vorher im Boden passiert ist. Schmecken können wir nur die effektiv vorhandene Säure im Wein, egal wie hoch gepuffert der Boden zuvor war. Was sensorisch jedoch indirekt signifikant ist, ist der durch die chemische Bodenpufferung erhöhte Eintrag von Mineralstoffen, die wiederum die vorhandenen Säuren sensorisch am Rezeptor für sauer und salzig deutlich puffern, also depolarisieren, sodass sie weniger schmeckbar werden. Hier wäre vor allem der Kaliumeintrag als wichtig zu nennen, der neben der Tartratbildung mit der Weinsäure (Weinstein) sensorisch am Rezeptor puffert.

Der Wein schmeckt also sauer, haptische Ereignisse der Irritation der Schleimhaut durch die Säurewirkung (trigeminal, nicht gustatorisch) hingegen bleiben aus. Bei hohen Säurewerten ist eine solche Irritation – egal ob viel oder wenig Kalk im Boden bei der Nährstoffaufnahme im Spiel war –

signifikanter und ausgeprägter, je nach Säureart (Weinsäure, Apfelsäure, Zitronensäure etc.). Das hat zur Folge, dass ein Wein mit hohen Säurewerten durchaus weniger sauer schmeckt, durch den Eintrag von z. B. Kalium, dass aber die Säureirritation deutlich ausfällt aufgrund der vorhandenen absoluten Menge im Wein.

Hat ein Wein viel Säure und wenig Mineralstoffe, sind das saure Schmecken (keine sensorische Pufferung durch Mineralien, weil wenig Extraktdichte) und die Irritation gemeinsam deutlich ausgeprägter (siehe S. 39).

Ein knackiger Riesling im Cool Climate ist also deswegen so attraktiv, weil durch die kühlen Nächte viel Säure erhalten bleibt und er bei geringen Erntemengen pro Stock, langer Reifeperiode und viel Kalk im Boden deutlich sensorisch (nicht chemisch, daher gleicher pH-Wert) gepuffert ist durch den erhöhten Mineraleintrag. Dieser Wein schmeckt somit wenig sauer, irritiert aber bei reifer Weinsäure ob ihrer hohen Dissoziation intensiv.

> Dieses Spiel zwischen saurem Schmecken und irritierender Wirksamkeit von Säure muss trennscharf gesehen werden, unterschieden in: Säure, gustatorisch, und Säure, haptisch-irritativ. Mit der Stilistik hat dieser sensorische Effekt nichts zu tun, da es hier nicht um Aroma geht. Die Stilistik ist daher unabhängig vom Terroir zusehen.

Nährstoffaufnahme aus dem Boden

Egal wie sich die Bodensituation darstellt, die Rebe wird immer Stickstoff, Phosphor, Kalium, Calcium, Magnesium und Schwefel als Hauptnährstoffe aufnehmen. Als Spurenelemente gelten Natrium, Bor, Kupfer, Silizium, Mangan, Eisen, Zink, Kobalt, Molybdän und Chlor. Wie bei einem Getriebe, bei dem alle Zahnrädchen ineinandergreifen, ist jeder Bestandteil für sich wichtig. Jedes dieser Elemente hat spezifische Aufgaben im Organismus der Pflanze, wie Steuerungsfunktionen, Assimilation oder Zellaufbau. Beim Fehlen eines Rädchens kommt das gesamte Konstrukt in Schieflage und seine Funktionen sind eingeschränkt (siehe dazu auch das Minimumgesetz im Textkasten).

Damit die Pflanze maximal Mineralstoffe aufnehmen kann, müssen optimale Bodenverhältnisse hergestellt werden. Biologen sprechen auch davon, dass der Boden zuerst ernährt werden muss, bevor er ein gutes Pflanzenwachstum ermöglicht. Dieses Prinzip wird als „Edaphon“ bezeichnet: Steht im Boden alles im Gleichgewicht, wird auch jede Pflanze genügend Potenzial zum Wachsen finden. Für Wein gilt, dass ein gesunder und lebendiger Boden gemeinsam mit einer pflanzenorientierten Rebpflege (in der Tierwelt würde man von artgerechter Haltung sprechen) die Grundausstattung an sensorisch wirksamen, nicht-aromatisch wie aromatisch geprägten Eigenschaften liefert, wie z. B. mundgefühlgebende Phenole (Gerbstoffe und sekundäre Pflanzenstoffe), Proteine, Säuren, Zucker sowie aromatische Vorstufen in der Beere.

> ### Das Minimumgesetz
>
> … nach Justus von Liebig besagt, dass das Wachstum von Pflanzen durch die jeweils knappste Ressource eingeschränkt wird. Im Umkehrschluss bedeutet dies: Wird ein Nährstoff hinzugegeben, der bereits im Überfluss vorhanden ist (wie v. a. Phosphor), hat dies keinen Einfluss auf das Wachstum. „Viel hilft viel“ ist hier also besonders grober Unfug. Durch weniger Düngung ließe sich nicht nur die Umwelt schonen (bei Stickstoffdüngung wird Nitrat ausgewaschen und gelangt in Gewässer), sondern auch der Geldbeutel.

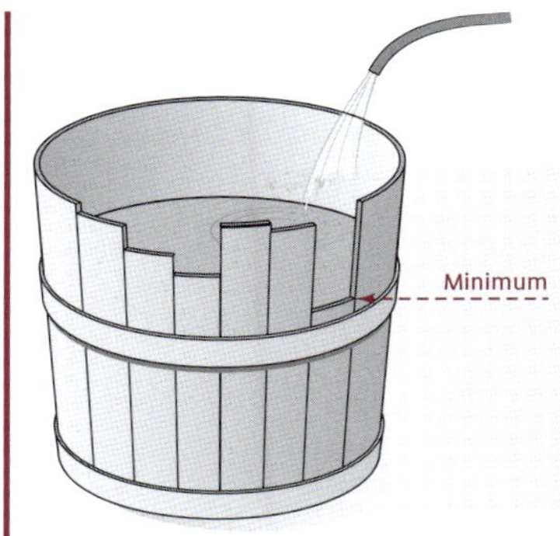

Als Pionierpflanze verzeiht die Rebe viele Missverhältnisse in ihrer Ernährung und kann sie durch „Notfallprogramme“ kompensieren – wenn auch nicht ohne sensorische Konsequenzen. UTA (Untypische Alterungsnote 2-AAP) ist z. B. ein solches Kompensationsprodukt: Die Rebe bildet es bei Wassermangel und Stress durch Mangelernährung, um sich selbst zu schützen.

Wie bei der Zusammensetzung einer Musikaufnahme im Studio bzw. am Mischpult durch einen Equalizer wird jede Verschiebung eines oder mehrerer Regler Auswirkungen haben auf die spätere Aufnahme. **Analog dazu hat jede Veränderung im Boden biologische und somit letztlich sensorische Konsequenzen für die Traube und den späteren Wein.**

Bodenbearbeitung

Da der Boden ein sehr fragiles Gebilde darstellt, sollte man die Bodenstrukturen und -schichten bewahren und den Boden möglichst wenig durchmischen. Gewachsener Naturboden beherbergt, im Vergleich zu einem Kulturboden, ein Vielfaches an Bodenlebewesen.

Ein Grund für die Bodenverarmung besteht in Praktiken wie dem Pflügen und Fräsen, da so aerobe und anaerobe Bakterienformen zerstört werden und sich in der Folge immer wieder neu aufbauen müssen. Über 90 Prozent der Landwirte gehen leider so vor. Die entstehenden „toten Böden“ müssen dann mineralisch gedüngt werden. Die sensorisch prägenden Eigenschaften des Bodens einer Lage fehlen dann völlig; der Boden wird zu einer reinen „Haltefunktion“ für die Pflanzenwurzeln degradiert.

Dabei geht es so viel einfacher: Es genügt, den Boden dauerhaft begrünt zu halten, diese Begrünung zu walzen und anschließend zu mulchen, um die Bodengesundheit zu erhalten und die Rebe physiologisch ausreichend mit Mineralstoffen zu versorgen (21–28 kg Stickstoffeintrag pro Hektar sind dabei kein Problem).

(Zum komplexen Thema der Unterlagen siehe S. 66.)

Herkunft

Bei kaum einem anderen Lebens- oder Genussmittel geht es uns so sehr darum, sie einer genauen Herkunft zuzuordnen, wie beim Wein. Die EU gibt Winzern vor, die geografische Herkunft ihres Produkts genau anzugeben, um dem Verbraucher eine optimale Orientierung zu geben, und hat dafür sogar eigene Label wie „geschützte Ursprungsbezeichnung“ (g. U.) und „geografisch geschützte Angabe“ (g. g. A.). Dahinter steht der Wunsch nach Alleinstellung, Originalität und Unversehrtheit, denn das Geheimnis und die Alleinstellungsmerkmale liegen bei Wein, Käse, Olivenöl und vielen anderen Produkten mit einer geschützten und somit definierten Herkunftsbezeichnung in der Herkunft und dem genauen Herstellungsprozess, auch Machart genannt.

- geschützte Ursprungsbezeichnung / g. U.: Alle Grundprodukte müssen von dem

angegebenen Ort kommen, und alle Herstellungsprozesse müssen in der Region stattgefunden haben. Für ein g. U.-zertifiziertes Produkt wurden also keine Trauben, Oliven oder Milch aus einer anderen Region zugekauft.
- geografisch geschützte Angabe / g. g. A.: Nur einer der Produktionsschritte – also Erzeugung, Verarbeitung oder Zubereitung – muss im angegebenen Herkunftsgebiet erfolgt sein.

Beim Wein ist es vor allem in den romanisch geprägten Ländern Europas selbstverständlich, sich auf die Herkünfte zu beziehen und von Typizitäten zu sprechen, wie z. B. Bordeaux oder Chianti. Die Traubensorte, aus der der Wein hergestellt wurde, wird in der Regel nicht angegeben.

Und auch in Deutschland wird die Lage aus Gründen der signifikanten Vergleichbarkeit wieder deutlich in den Vordergrund rücken (müssen). Eine Lage oder ein einzelner Weinberg ist in seiner Beschaffenheit per se ein Original und einzigartig. Die Angabe der Rebsorte auf einem Etikett hingegen leistet nur einen geringen Beitrag zur Produktdifferenzierung, da diese den Wein maximal zu 20 Prozent prägt.

Rebsorten

Die Vitis Vinifera (fruchtbringende europäische Rebe) ist die Gattung aller bekannten Rebsorten weltweit. Kreuzungen mit anderen Gattungen (Hybriden), die für pilzwiderstandsfähige Sorten stehen, werden vermehrt angebaut (siehe S. 66). Aus ca. 1000 unterschiedlichen Rebsorten der Vitis Vinifera sind ca. 120 Sorten wirtschaftlich von Bedeutung und anbaurelevant.

Ich liste hier – ohne Anspruch auf Vollständigkeit – einige wichtige Rebsorten auf:

- weiß:
  - Chardonnay
  - Gewürztraminer
  - Muskateller (Muskat)
  - Riesling
  - Sauvignon Blanc
  - Trebbiano
  - Weißburgunder
  - Auxerrois
  - Grauburgunder
  - Grüner Veltliner
  - Airén
  - Prosecco
  - Malvasia
  - Viognier
  - …
- rot:
  - Cabernet Sauvignon
  - Cabernet Franc
  - Spätburgunder, Pinot Noir
  - Frühburgunder
  - Merlot
  - Nebbiolo
  - Sangiovese
  - Grenache
  - Syrah (Shiraz)
  - Tempranillo
  - Zinfandel
  - …

Einige Rebsorten lassen sich klar einem einzelnen Land zuordnen, wie etwa Sangiovese, Aglianico, Trebbiano, Nebbiolo, Verdicchio, Garganega, Grillo, etc. Italien; Tempranillo, Monastrell, Macabeo, Bobal, etc. Spanien; Cot, Malbec, Mourvèdre, Syrahs oder Grenache Frankreich; Pinotage und Chenin Blanc Südafrika; Riesling Deutschland; der Grüne Veltliner Österreich, etc.

Über viel Jahre werden zudem immer wieder phänotypische Eigenschaften von Reben, wie Blattgröße, Blüteneigenschaften, früh oder spät reifend, große, kleine, lockerbeerige oder kompakte Trauben etc.

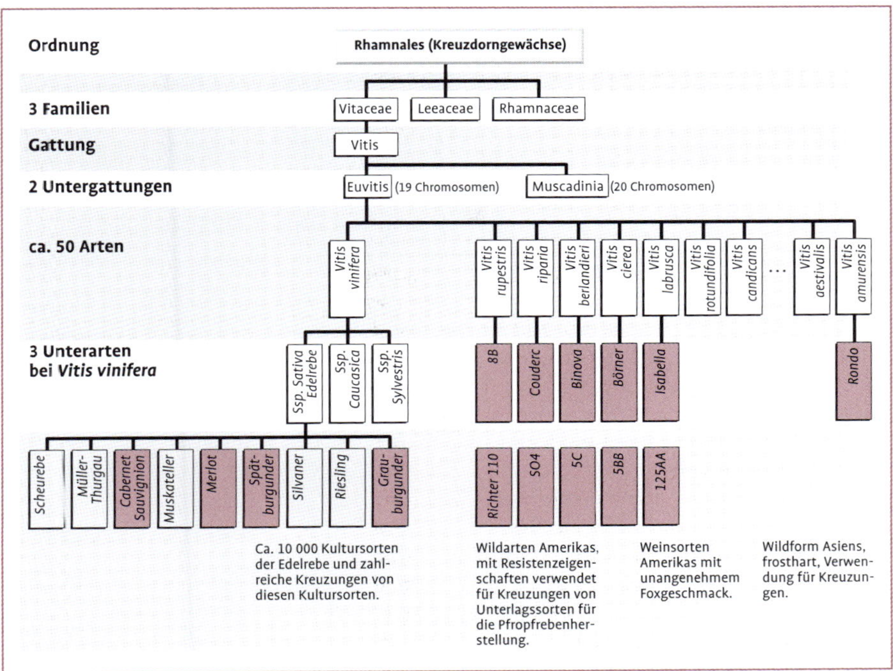

Abb. 11 Stammbaum der Rebe.

akribisch selektioniert. Aus diesen Selektionen werden dann nach einer Bewährungszeit verschiedene Klone mit gezüchteten, spezifischen Eigenschaften. Man könnte auch sagen: hochspezialisierte Pflanzen mit immer signifikanteren aromatischen Prägungen in eine Richtung. Je nach Klon sehen dann schon die Früchte vollkommen unterschiedlich aus, und ebenso die Säfte und später die Weine – z. B. bei Pinot Noir mit 56 Klonen; auf der Flasche steht aber nur „Spätburgunder“ oder „Pinot Noir“; das Gleiche bei Riesling und vielen anderen Sorten. Die Angabe von Klonen (im PAR-System etwa in der Produktinformation) ist daher m. E. ein wichtiger Hinweis an Verkoster, damit sie den Wein richtig beurteilen können.

Interessant ist hierbei jedoch, dass nach Erkenntnissen der einschlägigen internationalen phytomedizinischen Institute alle Vitis-Vinifera-Sorten mit den gleichen aromatischen Vorstufen ausgestattet sind, wenn auch in verschieden Mengenverhältnissen. Sie werden bei klimatischen Bedingungen in der Rebe aktiviert – es kommt also, was Wachstum, Reife und aromatische Ausprägung anbelangt, ganz auf den Jahrgang mit seinen klimatischen Gegebenheiten und die lagenbedingten Verhältnisse an; die Sorte selbst wirkt sich hier nur zu ca. 20 Prozent aus. In Deutschland versucht man, wie auch in Österreich, dennoch traditionell, die Rebsortentypizität herauszuarbeiten und gewissermaßen durch das Terroir die Rebsorte zu zeigen, doch der betriebene Aufwand steht in keinem Verhältnis zu diesen 20 Prozent. Demgegenüber setzen die romanischen Länder eher auf die anderen 80 Prozent, also – umgekehrt – darauf, mit der Rebsorte das Terroir zu zeigen. Erfolgswahrscheinlichkeit und Machbarkeit erklären sich durch diese Zahlen von selbst. Daher sieht auch die EU nicht die Sorte im Vordergrund, sondern das Terroir.

Außer Frage steht gleichwohl: In den besten Weinen der Welt manifestiert sich beides – Rebsorte *und* Terroir.

Durch klimaorientierten Anbau und nach trennscharfen sowie logischen pflanzenmedizinischen und sensorischen Grundsätzen lassen sich Sorten- und Lagentypizitäten in einem Wein vereinen und selektiv zeigen. Das ist die hohe Kunst des Winzerhandwerks und keine Frage des Zufalls oder zugesetzter Hilfsmittel.

Unterlagen

Alle reden von Riesling, Merlot, Cabernet oder von „typischem Chardonnay". Worüber hingegen kaum jemand spricht, ist die Tatsache, dass fast alle Reben in Europa (bis auf sehr, sehr wenige Ausnahmen) Pfropfreben sind, die auf amerikanischen Unterlagen sitzen (Stichwort: Reblaus). Dabei wurde in vielen Verkostungen deutlich, dass die aromatische Ausrichtung der Unterlage die Vitisrebe und damit auch den späteren Wein erheblich prägt. Das heißt: Ein Riesling auf einer „SO 4" zeigt deutliche Unterschiede zu einer Pfropfung auf „5 C" oder „125 AA". Nicht die Wurzel der Vitis ist in Verbindung mit dem Boden, sondern die amerikanische Unterlage, nach denen die Winzer auch ihre Pflanzen aussuchen.
Wie gehen wir nun mit dieser Erkenntnis um? Ich selbst stamme aus einer Rebenveredler-Dynastie. Bei der Beratung für eine Neupflanzung von Winzerkollegen war die erste Frage immer die nach der Sorte, wie Riesling, Müller-Thurgau oder Silvaner. Die zweite, welche Unterlagen für welche Böden geeignet sind. Vor allem der Kalkanteil ist hierfür ausschlaggebend. Die dritte, ob man viel oder wenig ernten wolle. Diese Frage hängt mit der nach der Art der Unterlage zusammen.

Pilzwiderstandsfähige Rebsorten (PIWI)

Im 19. Jahrhundert wurden der Echte (Oidium) und der Falsche Mehltau (Peronospora) von Amerika nach Europa eingeschleppt, ebenso wie die Reblaus – nicht alle zeitgleich, aber wohl in einem Kontext. Man merkte, dass die miteingeführten Hybride (die letztlich schon PIWIs waren, auch wenn man sie nicht so bezeichnete) deutlich widerstandsfähiger gegen diese Infektionen waren als die bekannten Europäersorten. Und so nahm die Entwicklung ihren Lauf:

Durch Kreuzung zweier oder mehrerer Rebarten und Unterarten ist es gelungen, pilzwiderstandsfähige Rebsorten (PIWI) zu züchten. Ein Elternteil ist eine „Europäerrebe" der Gattung Vitis vinifera sativa, und der andere Elternteil stammt von amerikanischen oder asiatischen Arten wie V. riparia, V. rupestris, V. labrusca oder V. cordifiola, um nur einige wenige zu nennen.

Die Anbauflächen in Frankreich wuchsen an, bis 1955 ein französisches Dekret die Klassierung von Rebsorten in den verschiedenen Departements festlegte. Nach den empfohlenen und den zugelassenen Rebsorten wurden die PIWIs als drittklassig eingestuft.

Letztlich ging es in Frankreich aber gar nicht um PIWI oder nicht PIWI, sondern um Pflanzrechte und Rodungsprämien. Durch Verbote und hohe Forderungen von Vorauszahlungen für Züchterlizenzen nahm die Anbaufläche nach 1955 offiziell stetig ab. Bis 1979 mussten von Behördenseite alle bisher tolerierten PIWI-Flächen gerodet werden. In Wirklichkeit verschwanden aber nur die Weine vom Weinmarkt, die Flächen jedoch blieben erhalten. Die Weine wurden nun als Branntweine vermarktet und so für die Winzer noch attraktiver. Die Erntedeklarationen wurden schlicht falsch angegeben.

In der Schweiz hingegen wurden die PIWIs weitergezüchtet, und mit Valentin Blattner wurde dort die heute mit interessanteste PIWI gezüchtet.

In anderen Staaten der EU verlief der Anbau von PIWIs aufgrund der Verbote ähnlich wie in Frankreich. In Deutschland wurden und werden im Freiburger Institut für Rebenzüchtung oder im heutigen Julius Kühn Institut im pfälzischen Siebeldingen (daher stammt der Regent) immer neue Sorten gekreuzt.

Die neuen PIWIs werden in der Regel nur noch zwei- bis dreimal gespritzt, wenn überhaupt: Viele müssen (je nach Standort) überhaupt nicht mehr gespritzt werden. Um die Resistenz der Reben zu erhalten, empfehlen die Forschungsinstitute jedoch zwei Spritzungen pro Saison.

Weniger synthetische Mittel: die Vorteile

Gerade in ökologisch wirtschaftenden Betrieben wird der Spritzmitteleinsatz reduziert. Gleichzeitig werden im Übrigen die Rebzeilen weniger befahren, was sich positiv auf die Böden auswirkt (weniger Verdichtung und mehr Bodenlebewesen) und somit zugleich auf die Gesundheit und die Nähstoffversorgung der Reben.
Doch auch für Betriebe, die nicht biologisch wirtschaften, lohnt es sich, weniger chemisch-synthetische Düngemittel und Pflanzenschutzmittel einzusetzen, rein aus Kostengründen. Piwis werden in Zukunft einen wichtigen Platz in der Weinkultur bekommen, da bis 2030 seitens der EU die Halbierung der Pestizidmengen/ha allen Winzern ins Haus steht.

Und auch sensorisch können sich die Zuchtergebnisse mittlerweile sehen und schmecken lassen: Waren vor Jahren noch typische Hybridnoten wie „nasser Fuchs“ (Fox-Ton) oder „überreife Himbeere“ dominante Aromen, stehen heute neue Aromaaspekte für eine Erweiterung der Weinvielfalt ein, gerade für ambitionierte Genießer:

- Cabernet Blanc
- Pinotin
- Johanniter
- Rondo
- Regent
- Souvignier gris
- Seyval Blanc
- Maréchal Foch
- Léon Millot
- Cabernet Cortis
- Cabernet Noir
- Saphira
- Cal-604/Sauvignac
- Satin Noir
- Donauriesling
- Capertin
- Caladis blanc
- …

Seit dem Jahr 2000 vertritt der in der Schweiz ansässige Verein „PIWI International e. V.“ die Interessen seiner zuletzt mehr als 350 Mitglieder aus 17 Ländern. Er fungiert als Wissensvermittler und Netzwerk und vergibt jährlich den „Internationalen PIWI Weinpreis“ – verkostet wird nach PAR-Standard, organisiert von der in Deutschland ansässigen WINE System AG.

Der menschliche Faktor

Immer wieder hört man: „Der Wein wird im Weinberg/Weingarten/Rebberg/Wingert gemacht." Oder: „Die Trauben sind die Quelle guten Weins. Wenn ich gute Trauben habe, dann kann ich im Keller nicht mehr viel falsch machen." Doch stimmt das? Was braucht die Traube, um eine gute zu sein? Was verleiht einem Wein seinen charakteristischen Geschmack? Laut Erkenntnissen der DLR (Dienstleistungszentren Ländlicher Raum) ist die Rebsorte hier zu 20 Prozent beteiligt, die Herkunft zu 20 Prozent und die Onologie – also der Mensch mit seinen Entscheidungen über den Ausbau – zu 60 Prozent.

Grundsätzlich lassen sich aus gesunden, physiologisch reifen Trauben sortentypische sowie herkunftstypische Merkmale am ehesten herausarbeiten. Und je mehr im Keller „gemacht" wird, desto mehr kommt der Vinifikationstyp ins Spiel, vielleicht auch die Philosophie des Winzers, aber umso weniger kommen die Lage und die Sorte zum Tragen. Wird aus ein und demselben Saft ein Wein modern vinifiziert, ein anderer traditionell, so haben die Ergebnisse nur noch geringfügig gemeinsame Eigenschaften (eben max. 20 Prozent).

Das heißt: Viele Weine, die heute als sortentypisch bezeichnet auf den Markt gebracht werden, zeigen entweder perfektes, modernes Winemaking oder unveränderbare traditionelle Eigenstile der Weingüter, bedingt durch Lagentypizität und klimatisch geprägte Eigenschaften, also Terroir, durch den Anbau oder durch die Mikrobiologie im Keller.

Lage und Sorte bleiben und sind natürlich dennoch wichtige Elemente für nicht industriell hergestellten Wein. Kommen wir an dieser Stelle noch einmal auf den grundlegenden Unterschied zwischen Deutschland und den romanischen Ländern zu sprechen: Die meisten Winzer in Deutschland (denen an der 20-prozentigen Rebsortentypizität gelegen ist) entscheiden sich zuerst für die Rebsorte und suchen dann das passende „Terroir" dafür. In Frankreich z. B. entscheidet man sich umgekehrt erst für das Terroir und wählt dann die richtige(n) Rebsorte(n) aus, um dieses zu zeigen. Zwei vollkommen unterschiedliche Ansätze, und sie müssen auf jeden Fall bei der Beurteilung eines Weins berücksichtigt werden.

Möchte ein Winzer das aromatische Terroir einer Lage zeigen, muss er sich Gedanken darüber machen, wie und mit welchen Maßnahmen in Anbau und Keller er die Pflanzen- und Lageneigenschaften in den Wein transferieren kann. Denn er ist der entscheidende Faktor bei der Weinwerdung. Er entscheidet über den Weinstil, wie Oxidation und Reduktion, und somit über die Ausprägung sekundärer Aromate, bedingt durch Hefeeinsatz, Ausbauart (in Stahltank, Holz, Beton oder Amphore) sowie Temperatur, Filtrationstechnik, Konzentrationsverfahren oder auch Hygiene im Keller.

Die gängigen Anbauarten werden im Folgenden kurz definiert.

> Der moderne Weinbau produziert (weltweit) ca. 80 Prozent fruchtbetonte Weine mit reduktiven Maßnahmen (möglichst ohne Sauerstoffeintrag) – Tendenz steigend. Eine „Gegenbewegung" von Winzern, die möglichst naturbelassen, mit Luft und ohne Technik sowie ohne Zusätze produzieren, ist allerdings zu erkennen. So lässt sich, etwa bei der Verkostung zum internationalen Bioweinpreis nach dem PAR-System, gut beobachten, dass der Anteil der „Naturweine" nach der Vorgabe „Nix rein, nix raus" mit dem ECOVIN-Verband im Biobereich deutlich größer ausfällt als bei Verkostungen mit vielen „konventionell" hergestellten Weinen.

Der konventionelle Weinbau

Hier ist die Produktions- und Wertschöpfungskette klar definiert. Der Mensch entscheidet und dirigiert in jeder Hinsicht die Produktionsabläufe. Gewinnmaximierung und Wirtschaftlichkeit stehen dabei verständlicherweise oft im Vordergrund. Angestrebt wird der Geschmack eines breiten Publikums. Der moderne Weintyp ist fruchtig, klar.

Kostenreduzierung durch Mechanisierung und Minimierung der von Hand zu erledigenden Arbeiten wird angestrebt: Vom Rebschnitt über die Bodenbearbeitung und Düngung, den Pflanzenschutz bis hin zur Ernte und zur Traubenverarbeitung im Keller ist der Einsatz modernster Technik im Fokus.

Risikominimierung und Sicherheit nach modernen naturwissenschaftlichen Erkenntnissen ist die Philosophie der Betriebsführung. Alle erlaubten Behandlungsmittel können zum Einsatz kommen, darunter (ohne Anspruch auf Vollständigkeit):

- Behandlungsmittel für die Vorklärung:
  - Kohle GE (Pulver + granuliert)
  - Anafin Most (feste Mostgelatine mit Silikaten und PVPP)
  - Anafin Most K (mit Kasein)
  - Anafin Most eco (= öko, ohne PVPP)
  - Flotationsgelatine 180 Bloom
  - Gelatine flüssig
  - Kieselsol
  - Calcium-Natrium-Bentonit
  - Enzym HC
  - Enzym C-max
  - Enzym Cuvée Blanc
  - Enzym Cuvée Rouge
  - Enzym Beta
  - Enzym OE
  - Enzym EXV
  - Enzym MMX
  - Lysozym
- Hefen:
  - L 1597 (= Anaferm 2)
  - Anaferm Classic
  - Anaferm Exotic
  - Anaferm 44
  - Anaferm 5
  - Anaferm Primo
  - Anaferm Riesling
  - Anaferm Verde
  - Anaferm Komplex
  - Anaferm Rot
  - Anaferm Frucht Rot
  - Ecoferm Basic
  - Ecoferm Weiß
  - Ecoferm Rot
  - Ecoferm Smart
  - Maurivin L3
  - Maurivin Fusion (1502)
  - Maurivin 1503
  - Maurivin Platinum
  - Hefestamm VB1
  - Lalvin RC 212
  - Lalvin CY 3079
  - Lalvin ICV D 254
  - Lalvin R-HST
  - Lalvin EC 1118
  - Lalvin-Hefen
  - Siha-Hefen
- Hefeernährung:
  - Vitamin B1
  - Diammoniumphosphat (DAP)
  - Anavital extra
  - Anavital eco (= öko)
  - Go-Ferm
  - Opti Red
  - Opti White
  - Deaktiferm
  - BSA-Kultur Alpha
  - BSA-Kultur Beta
  - BSA-Kultur 49 A1
  - BSA-Kultur VP 41
  - BSA-Kultur V 22
- Entsäuerung:
  - Kaliumhydrogencarbonat
  - Kalk

- Gerbstoffharmonisierung:
  - Sili-Pur (kaseinfrei), Sili-Aktiv (kaseinfrei), Sili-Plus (kaseinfrei)
  - Anafin Pur
  - Anafin Soft P (PVPP)
  - Hausenblase flüssig
  - Hühnereiweiß fest
  - Tannin F (Most-/Maischetannin)
  - Oenotannin (aus abgelagerter Eiche)
  - Tannin S (aus Traubenschalen)
  - Tannin T (aus getoasteter Eiche)
  - Tannin TF (aus getoasteter Eiche, hydrolysiert)
  - Tannin K (aus Kastanie)
- Stabilisierung:
  - Kontaktweinstein
  - DL-Weinsäure
  - Kaliumhexacyanoferrat
  - Calcium-Natrium-Bentonit
  - Zitronensäure
  - Ascorbinsäure
  - Metaweinsäure
  - Carboxymethylcellulose (CMC)
- Sonstige Weinbehandlungsmittel:
  - Kaliumdisulfit
  - Kupfersulfat
  - Gummi arabicum (flüssig)
  - Weinsäure

Über den konventionellen Weinbau in Österreich ist etwa zu lesen: Er „stützt sich auf ein umfangreiches, starres kalendarisches Routinespritzprogramm mit dem Ziel der möglichst totalen Vernichtung der Schaderreger. Alle gesetzlich erlaubten Präparate, die erfahrungsgemäß einen guten Wirkungsgrad besitzen, finden dabei Verwendung – gleichgültig, wie stark sie ökotoxisch schädlich und bedenklich sind (z. B. die Nützlinge schädigen).“[8]

Der integrierte Weinbau

Die Winzer verpflichten sich zu Einschränkungen bei der Verwendung chemischer Mittel in Weinbau und Keller; Herbizide (Unkrautvernichtungsmittel) sind hier verboten.

Das DLR (Dienstleistungszentrum Ländlicher Raum) Mosel definiert den integrierten Weinbau folgendermaßen:

„Gesunde, von jeglichen Schadorganismen befallsfreie Trauben sind u. a. Voraussetzung für gesunde, reintönige und sortenspezifische Weine. Diese Forderung ist mit den Grundsätzen des integrierten Pflanzenschutzes in Einklang zu stellen.

Integrierter Pflanzenschutz ist eine Kombination von Verfahren, bei denen unter vorrangiger Berücksichtigung biologischer, biotechnischer, pflanzenzüchterischer sowie anbau- und kulturtechnischer Maßnahmen, die Anwendung chemischer Pflanzenschutzmittel auf das notwendige Maß beschränkt wird (aus d. Pfl.-Sch.-Gesetz v. 1998 § 2 Abs. 2).

Voraussetzungen, diese Forderung zu erfüllen, sind u. a.:

- optimale Standweiten und Laubarbeiten
- schonender Rebschutzmitteleinsatz
- Wirkstoffwechsel im Sinne eines Resistenzmanagements
- Rebschutzgeräte auf dem neuesten technischen Stand (Düsen, Dichtungen, Ventile)
- regelmäßige Pflanzenschutzgeräteprüfung, Prüfplakette 2 Jahre gültig
- tägliche Witterungsaufzeichnungen, insbesondere während der Vegetationsperiode
- Führung eines Spritztagebuches
- häufige und termingerechte Kontrollen der Schaderreger
- intensive Beobachtungen des Nützlings-Besatzes

- das Wissen um die Biologie der Schaderreger und Nützlinge“

Der biologische Weinbau

Es werden drei unterschiedliche Level gesehen:

EU-Bio

Ersatz der chemisch-synthetischen Mittel durch organische:
- Nur die für den biologischen Landbau zugelassenen Mittel sind zulässig.
- keine chemisch-synthetischen Pflanzenschutzmittel, kein chemisch-synthetischer Mineraldünger (Kunstdünger)

Biologischer Anbau auf Verbandsebene (wie ECOVIN, Naturland, Bioland)

Der Verband ECOVIN z. B. definiert den biologischen Anbau so:

„Der Unterschied zum normalen Weinbau liegt insbesondere in der Bewirtschaftung der Weinberge. Es ist zudem der ideologische Ansatz, der den Unterschied ausmacht – das Ziel, ein ausbalanciertes Ökosystem im Weinberg zu erhalten. Dies erfolgt ohne den Einsatz chemisch-synthetischer Substanzen, um so die Belastung der Umwelt möglichst gering zu halten. Das beginnt bei der Düngung, wo keine Mineraldünger, sondern nur Humus, Kompost oder andere organische Nährstofflieferanten eingesetzt werden, und setzt sich beim Pflanzenschutz fort. Hier werden nur reiner Schwefel und Kupfer gegen den echten und falschen Mehltau eingesetzt. Anstelle von Schwefel wird in letzter Zeit sogar häufig schon erfolgreich Backpulver (Natriumbikarbonat) verwendet. Außerdem wird versucht, mit Pflanzenstärkungsmitteln die Widerstandsfähigkeit der Reben zu erhöhen. Unkräuter im Weinberg werden ausschließlich mechanisch, das heißt ohne chemische Herbizide entfernt.

Um das Bodenleben und die Artenvielfalt in den Weinbergen so aktiv wie möglich zu erhalten, werden außerdem alle ökologisch bewirtschafteten Weinberge zwischen den Rebzeilen mit verschiedensten Pflanzen begrünt. Die Umstellung vom konventionellen auf den biologischen Weinbau dauert drei Jahre.“

Biodynamischer Weinbau

Die biodynamische Wirtschaftsweise geht zurück auf Rudolf Steiner (1861–1925), den Begründer der Anthroposophie, der in seinen Kursen zur Landwirtschaft das Zusammenspiel aus kosmischen, irdischen und unterirdischen Elementen in den Mittelpunkt stellte. Diese Form des Weinbaus orientiert sich konsequent an den Lebensrhythmen der Pflanzen, richtet also auch die anfallenden Arbeiten im Weinberg und Keller nach ihnen aus. Gesundheit der Böden und somit der Pflanzen ist das oberste Ziel.

Ein naturwissenschaftlicher Ansatz steht der biologisch-dynamischen Landwirtschaft nicht entgegen. Während aber die Naturwissenschaft immer mehr ins Detail forscht und immer spezifischer wird, wird in der biodynamischen Landwirtschaft parallel der holistisch-ganzheitliche Ansatz verfolgt und auf das Verstehen biologischer Systeme Wert gelegt.

Der Weinbau: Arbeitsschritte und Themen

Ganz gleich, für welche Anbauweise man sich entscheidet: Die Art der Arbeit und die verschiedenen Sichtweisen sind oft an Traditionen gekoppelt. „Das haben wir immer schon so gemacht.“ ist auch im Weinbau ein

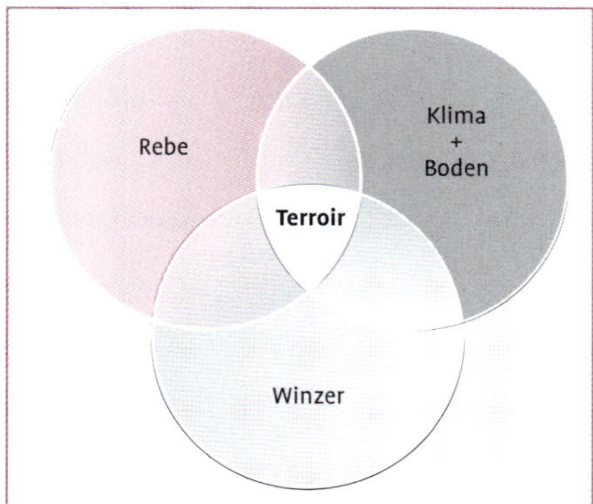

Abb. 12 Stilbildende Faktoren des Terroirs.

Satz, der gar nicht so selten zu hören ist. Und es ist ja auch nicht falsch, sich auf Erfahrungen und Bewährtes zu stützen. Oft fällt im Zusammenhang mit der Tradition aber auch der Begriff „Terroir" – und genau hier ist Achtsamkeit gefragt. Denn der Begriff ist nach wie vor nur unzureichend definiert und kann schnell eine Alibifunktion übernehmen, wenn es etwa darum geht, Handwerksfehler als Terroir zu verkaufen. Ein Beispiel für die Schwammigkeit des Begriffs:

Zu einem internationalen Workshop zum Thema Terroir sollten alle Teilnehmer einen aus ihrer Sicht klassischen terroirgeprägten Wein mitbringen. Das Ergebnis: Zum Verkosten gab es letztlich alles – vom kaltvergorenen „Eisbonbon-Wein", produziert mit allen Tricks moderner Kellereitechnik, bis zum schwefelfreien Orangen Naturwein aus der Amphore.

Im französischen Sinne bedeutet Terroir das Zusammenspiel aus Klima, Herkunft und Einflussnahme durch den Winzer. Die Anteile lassen sich schwerpunktmäßig verschieben, sodass es Weinschaffende gibt, die den Fokus eher auf die Originalität ihrer Weine legen und die Maximierung technischer Vorgänge in den Hintergrund rücken lassen. Sie arbeiten nach dem Prinzip der Sollerwartung, nämlich möglichst unverwechselbare und originale Weine zu produzieren, die vom Terroir (Herkunftsbezug) geprägt sind. Das andere Extrem sind diejenigen, die die Zweckangemessenheit, nämlich Markt- und Zielgruppenorientierung, als oberste Maxime sehen. Die aktive Machbarkeit und weniger das „kontrollierte Nichtstun" stehen im Vordergrund. Wo und wie die Trauben gewachsen sind, bleibt hier zweitrangig, denn es geht um ein handwerklich modernes und sicher auch gutes, in Bezug auf den Markt zweckangemessenes, auf ihn abgestimmtes Produkt.

In diesem Kapitel werden zunächst ein paar allgemeine Punkte thematisiert, ehe wir uns in weiteren Kapiteln ein paar Besonderheiten bei der Weißwein- bzw. Rotweinproduktion zuwenden.

Vorab: die Stilistik

Über die Stilistik kann der Winzer vollkommen frei entscheiden, denn er kann die aromatische Prägung seiner Weine beeinflussen:

Weinstile
Reduktiv
starke Vorklärung Stahltank/neues Holz geschlossene Maischegärung Gärkontrolle, temperiert Reinzuchthefen, Enzyme geringe Enzymaktivität Filtern, Schönen frühe, hohe Schwefelgabe
hellgrün/hellgelb/violett vorrangig fruchtig (Ester), eindeutige, flüchtige Aromen frische Weine, Mundgefühl gering
Oxidativ
Sedimentation Holzfasseinsatz offene Maischeverarbeitung keine Temperaturkontrolle

Spontangärung hohe Enzymaktivität Hygiene kontrolliertes Nichtstun
farblich intensiver, mehr bräunlich weniger fruchtig, meist würzig, komplexere, aber zartere Aromen Mundgefühl meist komplexer

Pflanzenschutz

Im Zuge der Globalisierung wurden Infektionskrankheiten wie Echter und Falscher Mehltau oder Botrytis weltweit verbreitet und machen intensiven Pflanzenschutz zu einer Notwendigkeit. Die Industrie bietet eine Vielzahl chemischer und synthetischer Spritzmittel an, zu denen alljährlich neue hinzukommen, um Resistenzen der Pilze zu begegnen.

Im biologischen Weinbau sind nach wie vor Schwefelpräparate sowie Kupferverbindungen adäquate Mittel zur Bekämpfung der gängigen Pilzinfektionen. An alternativen Methoden wird geforscht.

Je nach Klima ist von zwei bis 16 und mehr Spritzungen pro Jahr und Vegetationsperiode auszugehen.

Erkennen der Traubenreife

Das Erkennen der Traubenreife und damit des richtigen Erntezeitpunkts ist mit entscheidend für die Stilistik: Mit der Entscheidung des Winzers, in welchem Reifezustand er die Trauben erntet, legt er die Basis für den späteren Wein. Man unterscheidet die physiologische und die technologische Reife. Die optimale Terroirprägung geht von der physiologischen Reife (Keimfähigkeit der Kerne) aus. Zu berücksichtigen sind die Säurewerte im Verhältnis zu aromatischen Ausprägungen. In diesem Kontext sind auch Jahrgangsunterschiede zu verstehen.

Bei der Reife spielen folgende Faktoren eine Rolle:

- Zuckereintrag: Ab der Blüte beginnt die Einlagerung von Zucker in die Beere; sie ist abhängig von der Größe der Blattoberfläche (Assimilation) – je mehr Blätter, desto mehr Zucker wird eingelagert.
- Säure-Mineral-Verhältnis: Mit der Reife wird bei warmen Tagestemperaturen vermehrt Weinsäure synthetisiert. Parallel werden Mineralstoffe eingelagert (Extrakt); Kalium ist später im Wein für die Säurepufferung zuständig und trägt so zur Harmonisierung des Weins bei.
- phenolische Reife: die Reife der sekundären Pflanzenstoffe, wenn aus grünen Teilen der Pflanze holzige werden. In der phenolischen Reife wird die Keimfähigkeit der Kerne gesehen.
- Holzausbildung: hier besonders die Ausprägung flavonoider Phenole, die nicht nur für die Braunfärbung des Holzes verantwortlich sind, sondern auch viele primäraromatische Ausprägungen beinhalten.
- Eintrag und Aufbau von Nährstoffen aus dem Boden zum Pflanzenwachstum sowie zum Zellaufbau.
- aromatische Reife (Primäraroma). Hierzu zählen die folgenden Gruppen:
  - Terpene: blumig-fruchtig
  - Norisoprenoide: würzig-erdig
  - Pyrazine: grün-grasig
  - Thiole: grün-fruchtig bis grün-würzig
  - vor allem auch die Gerbstoffe, die zu den Polyphenolen gehören. Diese Phenole sind einerseits holzig-aromatisch; sie sind aber auch für das Mundgefühl und die adstringierenden (zusammenziehenden) und teils bitteren Charaktereigenschaften eines Weins verantwortlich (kondensierte und hydrolysierte Tannine).

Vor allem für junge frische Weißweine setzt man hingegen auf die technologische Reife: Hier werden bewusst **unreife**, grüne (pyrazinische) Verbindungen erwartet und durch reduktive Maßnahmen im Keller um fruchtige Aromen ergänzt. Typische Vertreter dieser Gattung sind moderne Sauvignon Blancs aus der Neuen Welt oder Verdejos aus Nordspanien und Vinho Verde aus Portugal. Grundsätzlich lassen sich alle Rebsorten technologisch reif lesen, grüne Aromen sind jedoch nur bei Weißweinen in reduktiver Stilistik erwünscht. Grüne Paprikanoten, wie etwa beim Cabernet Sauvignon, kommen in kühlen Klimaten oft vor und stammen ebenfalls aus nicht ausgereiften Trauben. Sie als herkunfts- oder auch sortentypisch zu beschreiben ist empirisch und kausal nicht haltbar.

Traubenlese

Die Ernte erfolgt entweder traditionell mittels Handlese oder durch Maschinenlese (Vollernter).

Die Handlese bietet den Vorteil, dass dabei direkt reife von unreifen sowie gesunde von faulen Trauben getrennt werden können; dies ermöglicht eine gute Einflussnahme auf die primäraromatische Ausprägung der Weine. Die Handlese ist allerdings aufwendig und teuer.

Die Maschinenlese verbreitet sich weltweit immer weiter, da sie schnell und effizient ist – Selektionsmaßnahmen erfolgen vorher im Weinberg oder erst im Kelterbetrieb (auf Selektioniertischen etc.). An maschinellen Selektions- und Scannerverfahren sowie automatisierten Ausleseverfahren wird geforscht und gearbeitet. Einige sind bereits erfolgreich auf dem Markt.

Traubentransport

Der Traubentransport ist der erste wichtige Schritt zur Erhaltung primäraromatischer Aromen in der Beere. Moderner Weintraubentransport erfolgt in geschlossenen Systemen, also reduktiv, in Behältern teils unter Zusatz von COS (Carbonylsulfid) oder Inertgas, gekühlt und dunkel. Der traditionelle Transport in Bottichen oder in offenen Behältern ist ebenso weltweit Usus, mit entsprechenden aromatischen Einbußen. Hohe Enzym- und mikrobiologische Aktivitäten prägen den Most oft schon vor der Gärung. Milchsäurebakterien und Essigbakterien zeigen in diesem frühen Stadium der Weinwerdung bereits Wirkung.

Entrappen

Das Trennen der Trauben von ihren Stielen nennt man Entrappen. Bei der Rotweinbereitung kommt dies meistens zur Anwendung, bei Weißwein oft auch nicht (siehe S. 82 und 83).

Pressen

Durch hohen Pressdruck wird der Saft von Beerenhäuten, Kernen und Stielen (wenn noch vorhanden) getrennt. Es werden dabei bittere (hydrolisierte) und adstringierte (kondensierte) Tannine eingetragen. In der Regel werden heute geschlossene pneumatische Pressen verwendet, die den Pressvorgang sehr schonend optimieren. Pressdrücke von 0,1 über 0,8 bis 1,4 bar sind die Regel. Nicht selten wird bei Massenweinen auch mal mit 2,5 bar und mehr Druck gearbeitet; die eingetragenen Phenole werden dann wieder durch Eiweiße geschönt (flotiert).

Offene Pressverfahren sind teilweise bei der Champagnerherstellung vorgeschrieben und so bei der oxidativen Stilistik gewünscht. Entsprechend muss die Traubengesundheit und -reife gewährleistet sein, um unerwünschte grüne, harte und bittere Komponenten zu vermeiden.

Nicht selten werden unterschiedliche Fraktionen in unterschiedlichen Gebinden (Bordeaux) ausgebaut, um sie später in einer Assemblage wieder kreativ zusammenzustellen. An diesem Beispiel lässt sich erkennen, wie wichtig auch ein Pressvorgang sensorisch für das spätere Produkt ist.

Säuremanagement

Je nach Sorte, Jahrgang, Reife und Herkunft sind verschiedene organische Säuren in der Traube vorhanden. Die wichtigsten sind die Weinsäure und die Apfelsäure. Sie werden im modernen Säuremanagement reguliert: Je nach Weintyp und Stilistik wird durch die Zugabe oder das Entfernen von Säuren der pH-Wert verändert und somit das Produkt stabilisiert und dem Kundengeschmack angeglichen.

In der traditionellen Weinbereitung hingegen wird in die natürliche Säurestruktur der Weine nicht eingegriffen. Die Weine unterscheiden sich dann oft von Jahr zu Jahr. In einem gewissen Maß sind Jahrgangsunterschiede vollkommen akzeptabel. Wenn allerdings z. B. ein Riesling gravierend anders schmeckt als der aus dem letzten Jahr, gilt es, nach den Gründen dafür zu suchen.

Folgende Säuren können zugesetzt werden:

- Apfelsäure: im vorderen Mund fühlbar (Irritation); man formt unwillkürlich einen Kussmund.
- Weinsäure: im hinteren Mund fühlbar; man grinst unwillkürlich.
- Zitronensäure: mittig auf der Zunge auszumachen (mehr irritierend als schmeckbar).
- Ascorbinsäure: wirkt staubig bis hin zum bitteren Schmecken.
- Milchsäure: soll milder sein als die Äpfel- und Weinsäure, zeigt sich sensorisch aber nicht als wirklich „mild“; sie wirkt volumengebend und schmeckt auf der ganzen Zunge sauer und wird dadurch auch haptisch (mehr Oberfläche im Mund) weniger punktiert wahrgenommen.

Im Zuge des Klimawandels gewinnt das Säuremanagement perspektivisch an Bedeutung. Denn in heißen Nächten, von denen es künftig mehr geben wird, wird in den Beeren mehr Säure abgebaut, die dann am Tag darauf synthetisiert wird. Will man dem Kunden also weiterhin das Bekannte bieten, ist Säuern nötig. Der Klimawandel ist also auch im Glas angekommen. Ob der klassische frische, rassige Riesling (zumindest aus den bisherigen Anbaugebieten) wohl bald der Vergangenheit angehört?

Apropos klassische Anbaugebiete: Die nördliche Anbaugrenze für Wein hat längst Skandinavien erreicht. Kollegen dieser nördlichen Anbauregionen sind vor allem mit PIWIs gut bestückt, weil diese neben Resistenzen gegen den Echten und Falschen Mehltau auch Frost besser aushalten als weniger robuste alte Rebsorten. Denn gleichwohl gibt es in Nordeuropa noch kalte Tage, Klimawandel hin oder her. Und es sind gerade diese Wetterkapriolen, die den Reben zu schaffen machen.

Die Typizitäten von Lagen werden durch den Klimawandel leider immer schwieriger greifbar, weil die Jahrgangsunterschiede erheblich sind und die sensorischen Eigenschaften wie Aroma oder Säure sich sensorisch nicht trennscharf der Lage, dem Jahrgang oder der bevorzugten Stilistik zuordnen lassen. Tendenzen sind aber immer gut darzustellen.

Mostkonzentration

Ein modernes, oft eingesetztes Vinifikationsverfahren ist die Mostkonzentration: Durch physikalische Maßnahmen (Umkehrosmose) wird dem Most Wasser (bis zu 25 Prozent) entzogen und so die Dichte des Mosts erhöht. Voraussetzung für ein Gelingen ist, dass die Trauben gesund und physiologisch reif sind und dass im Keller absolut hygienische Verhältnisse herrschen. Denn neben den positiven Inhaltsstoffen werden eben auch die negativen (unreifen, faulen) Anteile konzentriert. Das Verfahren ist sehr teuer und liegt im Durchschnitt bei einem Euro pro Liter.

Fraktionierung des Mosts mittels Schleuderkegelkolonne (Spinning Cone Column)

Der Most oder Wein wird bei diesem Verfahren „auseinandergenommen" und in Einzelbestandteile zerlegt, wie z. B. Alkohole, Aromastoffe, Säuren, Gerbstoffe und anorganische Stoffe, und anschließend wieder zusammengefügt. Die Fraktionierung ist v. a. im modernen Winemaking verbreitet: Es entstehen Weine, die den Erwartungen spezifischer Marktgruppen entsprechen. Ursprünglich wurde diese Methode zur Alkoholreduzierung von Weinen aus heißen Klimaten eingesetzt. Verbraucher sehen bei diesem Verfahren allerdings die Gefahr der Manipulation, wie Aromaaustausch und Teilreduzierung. Diese Gefahr ist zwar grundsätzlich gegeben, wird aber oft deutlich überschätzt.

In der traditionellen Weinbereitung haben weder Mostkonzentration noch Spinning Cone Column einen Platz, da Typizität, Herkunft und Charakterausprägungen dadurch sehr verändert werden.

Alkoholische Gärung

Die alkoholische Gärung ist ein zentraler Schritt in der Weinwerdung. Die erste Aufgabe der Hefe ist die Umwandlung von Zucker (Fruktose und Glukose) in Alkohol (Ethanol) unter Bildung von CO_2 und Wärme. Neben dem Alkohol bilden die Hefen auch sehr viele Sekundäraromen („Gäraromen"): Sie verwenden aromatische Vorstufen aus der Traube und verwandeln sie in zumeist fruchtig riechende Produkte wie Ester und Terpene.

Mit Temperaturkontrolle und Steuerung der Gärung lassen sich durch hohe Esterkonzentrationen vor allem im Jungweinstadium deutlich sekundäraromatische (exotisch fruchtige) Weine herstellen. Durch den Wechsel der Temperatur zwischen zehn und 22 °C kann man etwa aufgrund unterschiedlicher Hefestämme exotische Aromen wie Maracuja, Ananas und Mango, aber auch würzige und blumige Noten wie Rose, Flieder, etc. herausarbeiten.

Bei sehr reduktiver Gärung und bei geringer Enzymaktivität (geringere Reaktionsenergie im Stoffwechsel) entstehen Thiole mit grün-fruchtigen oder grün-würzigen Noten (nicht zu verwechseln mit den grün-grasigen Pyrazinen).

Erfolgt die alkoholische Gärung oxidativ mit faulen Trauben und in wenig hygienischen Verhältnissen, ist die Gefahr der Fehlgärung gegeben. Hier entstehen z. B. Essigsäure und flüchtige Säuren wie die Ameisensäure. Aufgrund bakterieller Beteiligung, nämlich heterofermentativer Milchsäurebakterien, kann Sauerkrautgeruch entstehen. Verestert die Essigsäure, entsteht der Geruch von Klebstoff, nicht zu verwechseln mit dem von Nagellackentferner, was ein Keton ist und kein Ester.

Achtung: Hier werden Aceton C3H60 (Nagellackentferner) und der Carbonsäureester Essigsäureethylester C4H8O2 (Klebstoff) oft zusammen genannt. Gemeint ist aber Acetoin (es riecht leicht nach Joghurt, Spargel, Weizenkleie, Kohl, jedoch nicht nach Nagellackentferner), das aus dem Stoffwechsel wilder Hefen und Bakterien stammt. Somit ist sein Vorhandensein nicht immer als fehlerhaft einzustufen, da es sich um eine natürliche Erscheinung handelt: Wenn sich der Winzer etwa entschließt, die Moste nur mit Hefestämmen, die sich im Keller und bedingt auf der Beerenhaut befinden, zu vergären, also ohne Zusatz weiterer Hefen (siehe S. 69). Der Ethylester entstammt zu ca. 5 Prozent aus Oxidationsprodukten des Alkohols: Ethanol zu Ethanal, Acetaldehyd zu Essigsäure, die wiederrum mit Alkohol verestert (Veresterung ist die Reaktion mit Säure und Alkohol; die entstandenen Stoffgruppen heißen Ester). Er ist somit durch reduktive Maßnahmen im Keller verhinderbar. 95 Prozent entstehen aus Hefen (Apiculatus) und Essigsäurebildner.[9]

Den Duft nach faulen Eiern (H_2S) und anderen Schwefelverbindungen, erinnernd an den von Spargel, Gummi, Knoblauch oder Tinte, nennt man Böckser. Er entsteht durch Mangelernährung der Hefen (wenig Stickstoff) und den Eintrag von Schwefel als Nährstoff aus dem Boden. Auch der „Netzschwefel", eingesetzt als Spritzmittel im Ökoweinbau gegen den Oidium, kann eine Böckserquelle darstellen. Böckser entsteht vorrangig unter reduktiven Bedingungen. Belüftung (Oxidation) hilft, den reduktiven Böckser zu beseitigen ($2H_2S + 0_2 \rightarrow 2H_2O + 2S$). Auch eine moderate SO_2-Gabe (hört sich erst einmal unlogisch an, wo doch Schwefel die Quelle des Böcksers ist) kann den Böckser günstig beeinflussen ($2H_2S + SO_2 \rightarrow 2H_2O + 3S$). Um den sekundären Aromaverlust zu minimieren, werden Böckserweine mit Kupfer behandelt ($H_2S + CuSO_4 \rightarrow CuS + H_2SO_4$).

Durch die Steuerung der Temperatur bei der alkoholischen Gärung lässt sich auch der Restzucker im werdenden Wein sehr gut kontrollieren. Die Balance aus Süße und Säure ist ein zentraler Punkt für die Akzeptanz eines Weins. Liegt die Restsüße bei in der Regel knapp über 8 Gramm, kann er (in Deutschland) noch als trocken bezeichnet werden. Solche Weine sind auf Verbraucherseite deutlich akzeptierter als vollkommen durchgegorene.

In der Anfangsphase der Gärung wird der Glukoseanteil des Zuckers schneller vergoren, in der Hauptphase werden Glukose und Fruktose gemeinsam vergoren. Am Ende der Gärung, ab ca. 15 Gramm RZ (RZ = Restzucker), ist der Restzuckergehalt in der Regel reine Fruktose. Das heißt, Weine mit fruktosischer Restsüße im trockenen Bereich gelten bei unter 9 Gramm pro Liter als trocken, schmecken aber deutlich süßer (vagal bzw. glossopharyngal) als Weine, die nachträglich, z. B. mit Süßreserve (Traubensaft) oder RTK (rektifiziertes Traubenmostkonzentrat) gesüßt wurden (hier sind Glukose und Fruktose zu gleichen Teilen vorhanden). Das lässt sich sensorisch sehr einfach feststellen und dynamisch dokumentieren.

Trockenes (nicht süßes) und süßes Schmecken sind eigentlich gegensätzliche Erscheinungen, aber trockene Weine mit einer hohen Restsüße von Fruktose entsprechen den Vorlieben des Verbrauchers: Fruktose wirkt auf den Vagus (Amygdalabeteiligung), wodurch der Nachhall des Weins länger ausfällt. Die Weine werden als „modern trocken" bezeichnet.

Spontangärung

Verfechter der traditionellen Weinbereitung setzen auf die natürliche Spontangärung der Moste. Leider sind nur ca. 5 Prozent der Hefen, die sich auf der Beerenhaut entsprechend der Lage und Herkunft entwickeln, in der Lage, auch später, im Most, Zucker in Alkohol zu verwandeln. Die dabei entstehenden Aromen leisten jedoch mehr oder weniger ausgeprägt einen echten Terroirbeitrag, da sie Lagen- und Jahrgangsspezifiken unterliegen. Hygienemaßnahmen, reduktive bzw. oxidative Ausbaumethoden und besonders der Einsatz von SO_2 können den Einfluss deutlich verändern.

Im Detail: Acht bis teilweise 15 und mehr unterschiedliche Hefestämme bilden sich auf der Beerenhaut, die dann während der alkoholischen Gärung (bis ca. 4 Vol.-%) entsprechende, aus ihrem Stoffwechsel „lagenspezifische" Aromen produzieren. Es werden viele unterschiedliche Aromaausprägungen gebildet, die sich aber bei der Verköstigung nicht immer eindeutig erkennen und interpretieren lassen. Oft entstehen Gärungsaromen, die nicht fruchtig sind und somit nicht dem allgemeinen Konsumentengeschmack entsprechen. So groß die Komplexität der Aromenausbeute ist, heißt dies gleichzeitig, dass diese Hefestämme im Gegensatz zu Reinzuchthefen nicht steuerbar sind. Moderne Önologen sehen darin ein großes Risiko; traditionell orientierte Winzer sprechen gerne von „Terroir" und Jahrgangsunterscheiden und sehen die Spontangärung mit als wichtigstes Element von Originalität und Individualität der Lagenausprägung. Fest steht jedenfalls, das die Kellerflora von Bakterien und Hefen das Aroma wesentlich stabiler und deutlicher prägen als die Hefen auf den Trauben.

Auch die Hefen aus der Kellerflora gehören jedoch zum Terroir. Zuweilen lässt sich eine weingutspezifische „Kellernote" ausmachen. Diese Hefen, zumindest wenn sie der Gruppe der Saccharomyces (cerevisiae, bayanus, ellipsoides, uvarum) angehören, gären den Most trocken durch und verhindern Gärstörungen. Ob diese Saccharomyceten nun aus dem Weinberg gekommen oder durch Zusatz von Reinzuchthefen in den Keller gelangt sind, obliegt jeweils der Spekulation. Wurde in einem Keller je mit Reinzuchthefe gearbeitet, werden diese Hefen, die sich dann in der Kellerflora wiederfinden, auch für Stabilität sorgen, in dem Sinne, dass alle Weine in gewisser Weise ähnlich schmecken. Moste, die in solchen „geimpften" Kellern „spontan" gären, sind in Wahrheit keine echten Spontangärer. Besser wäre die Bezeichnung „ohne direkten Zusatz von Reinzuchthefe".

Biologischer Säureabbau

Der biologische Säureabbau (BSA), auch „malolaktische Gärung" genannt, steht im Mittelpunkt der tendenziell traditionellen Weinbereitung, besonders im Rotweinbereich. Nach der alkoholischen Gärung verwandeln vorhandene Milchsäurebakterien die vorhandene Apfelsäure (hart wirkend) in die weich wirkende und weniger sauer schmeckende (aber haptisch intensivere) Milchsäure. Dabei entsteht auch das typische Aroma des BSA, die buttrige, sahnige Note (Diacethyl).

Im Weißweinbereich wird der BSA überwiegend im Bereich des Holzausbaus zumindest anteilig akzeptiert. Bei fruchtbetonter Ausbaustilistik wird er hingegen in der Regel durch frühe Kühlung, Filtration oder Gabe von SO_2 im Jungweinstadium verhindert.

Die Problematik des BSA liegt in der Gefahr der Beteiligung von heterofermentativen Milchsäurestämmen in der Ausprägung von flüchtiger Säure (Ameisensäure, Essigsäure, etc.). Das Vorhandensein von flüchtigen Säuren unterstützt somit Fehlnoten wie Essigsäureethylester (Geruch nach Klebstoff; nicht zu verwechseln mit Aceton, was sehr oft für die Lösungsmittelnote mitverantwortlich gemacht wird; siehe dazu S. 76 f.).

Ein BSA sollte immer erst nach der alkoholischen Gärung erfolgen, da das Vorhandensein von Restzucker immer eine Problematik darstellt: Der Jungwein befindet sich in einer unkontrollierbaren Situation.

Abstechen und Abziehen

Moderne wie traditionelle Kellertechnik setzen in der Regel auf möglichst langen Kontakt des jungen Weins mit der gesunden Hefe, da die Mundgefühl gebenden Anteile (Cremigkeit, Mannoproteine) und Aromen (sekundäre Aromen) sich so extrem ausprägen. Ein traditionelles Verfahren ist etwa „sur lie“: Dabei wird der junge Wein unmittelbar nach der Gärung von der groben Hefe getrennt (Abstich). Durch eine reduktive Lagerung im Stahltank und unter einer Gabe von Schwefel wird er dann möglichst lange auf der „Feinhefe“ belassen, um die Aromaausbeute zu erhöhen und sogenannte kolloidale Stoffe im Wein zu lösen, die das Mundgefühl intensivieren.

Bei zu hoher Schwefelung (zu der es im reduktiven Ausbau sehr oft kommt) ist die Ausbeute minimal, da die Hefe dadurch inaktiv wird und auch absterben kann („Autolyse“).

Ist die Hefe lebendig und in Schwebe, hält sie den jungen Wein stabil und schützt durch ihre Aktivität vor Oxidation. Auch der Ausbau von Rotwein im großen Holzfass oder im alten Barrique ist durch die Aktivität der Hefe, die reduktiv wirkt, gesteuert, sodass die Weine nicht oxidativ werden.

Die Reifung von jungen Weinen von bis zu einem Jahr (oder auch darüber hinaus) „sur lie“ ist in Frankreich keine Seltenheit. In Deutschland und in Betrieben, die sich dem modernen Stil verschrieben haben und auf fruchtige reduktive Weintypen setzen, wird diese Art der Weinreifung hingegen sehr kritisch gesehen, da man den Kontrollverlust fürchtet.

> Ein langer Hefekontakt mit dem jungen Wein ist generell für die Dichte des Aromas und des Mundgefühls zu empfehlen. Untersuchungen zeigen auch, dass die Lagerfähigkeit (Redoxpotenziale) der Weine durch den langen Hefekontakt erhöht wird.

Schwefeln

Die schwefelige Säure ist ein wichtiger Inhaltsstoff zur Aromakonservierung sowie auch insgesamt zur Konservierung des Weins. Sie hält den Wein reduktiv, indem sie eine Oxidation verhindert. Bakterienwachstum, Nachgärungen sowie Verderb durch Mikroorganismen (z. B. Milch- und Essigsäurebakterien) werden durch die Zugabe von SO_2 verhindert. Schwefel wird auf Verbraucherseite sehr negativ gesehen, ist bis auf wenige Ausnahmen jedoch weder gesundheitsschädlich noch unverträglich.

Ein gutes Handwerk in Weinberg und Keller kommt in der Regel mit 100 Milligramm Gesamt-SO_2 pro Liter aus. Süßweine wie Beerenauslesen und Trockenbeerenauslesen sowie Weine, die aus botrytisgeprägten Trauben hergestellt wurden, verlangen indes oft einen höheren SO_2-Gehalt, da während der Gärung Bindungspartner für das SO_2 entstehen (Ethanal, biogene Amine, …), die also einen Teil des zugesetzten SO_2 „wegnehmen“.

SO_2 verhält sich in unterschiedlichen Konzentrationen sensorisch unterschiedlich. Je fruchtiger und moderner der Wein, desto mehr SO_2 ist nötig, um das frische Aroma zu schützen; je traditioneller er ist, desto mehr wird die Oxidation akzeptiert (Weinstilistik), weswegen man nur ein Minimum an SO_2 zusetzt.

Weinsteinstabilisierung

Hohe Extraktanteile (anorganische Masse) bedingen oft einen hohen Kaliumanteil im Wein. Zusammen mit der vorhandenen Weinsäure bildet er Kaliumhydrogentartrat, das als kristalline Form oft am Flaschenboden zu finden ist, sogenannten Weinstein. Diese Kristalle sind eigentlich ein Zeichen für eine hohe Inhaltsstofflichkeit und somit ein Qualitätsmerkmal (das Vorhandensein von Weinstein ist kein Grund, einen Wein negativ zu beurteilen!), werden aber von Verbrauchern dennoch als störend empfunden. Daher wird Wein oft durch Kälte oder Zusatz von Weinsäure zur Kaliumfällung stabilisiert.

Phenole fördern

Der Stoffgruppe der Phenole (sekundäre Pflanzenstoffe) wurde in den letzten Jahren sehr viel Aufmerksamkeit geschenkt. Im Kontext der Adstringenz und Bitterkeit sowie der Farbstabilisation beim Rotwein und Ausprägungen der Haptik (Mundgefühl) spielen sie eine entscheidende Rolle. Je reifer die Beere (rot wie weiß) und je polymerer die Phenole sich untereinander im Wein darstellen, desto komplexer und ausgeprägter sind die haptischen Empfindungen.

Eine längere Maischestandzeit und Holzausbau (Ausbau in neuen Holzfässern, groß wie klein) unterstützen unter minimaler Oxidation die phenolische Ausprägung, weil es zu einer verstärkten Polymerisation des Weins kommt. Hinzu kommt ein enormes aromatisches Potenzial im Bereich holziger, balsamischer und würziger Noten in primärer wie sekundärer Aromaausprägung.

Das Vorhandensein von Phenolen ist in fruchtbetonten Weinen eher unerwünscht. Das heißt, der Ausbau von Weißweinen im Barrique ist eher eine Randerscheinung, da nach Verbrauchermeinung Holz- und Fruchtaromen eher konträr zueinander stehen. Der tendenziell oxidative Ausbau im Holz unterstützt jedoch die reduktive Situation des Weins durch die Extraktion von Holzstoffen wie Lignin und Gallussäure, welche der Stabilität des Weins zuträglich ist. Somit kann SO_2 gespart werden. Ein Ausbau im Holzfass ist unter diesen Bedingungen nicht oxidativ und erhält somit auch die fruchtigen Ausprägungen einer reduktiven Ausbaumaßnahme.

Barriqueausbau und Mostoxigenierung sowie andere Alternativen

Der Barriqueausbau, also der Ausbau im Holz, ist eine natürliche und langsame Maßnahme zur Stabilisation und zur Förderung der Aromaausprägung in den Bereichen Würz-, Holz- und Röstaromen. Die Homogenisierung der Weininhaltsstoffe erfolgt hier langsam – gut Ding braucht schließlich Weile. Diese „Reifung" bedarf ständiger Kontrolle durch den Winzer.

Der Eintrag von adstringierenden Phenolen wird durch den Holzausbau zuerst gefördert; die Phenole werden dann durch Polymerisierung verändert. Lange nahm man an, dass sich das adstringierende Verhalten verringern würde. Das stimmt wohl so nicht. Aufgefallen ist, dass bei Vorhandensein einer hohen Farbdichte (Anthocyane) Tannine weniger adstringierend wirken. Durch die parallele Polymerisation dieser Gerbstoffkomponenten blockieren die größer gewordenen Anthocyane sie. Dies ist weiter abhängig von der Reifesituation der Traube und der Art des Holzes.

Holz und Zeit sind beides Kostenfaktoren. Um die Adstringenz und somit das Oxidationspotenzial zu minimieren, greift man somit gerne zum Mittel der Mikrooxigenierung, gibt also dem Wein und Most fraktioniert Sauerstoff zu. Viele Rotweine, auch teure, werden mit dieser schnellen und charakterverändernden Maßnahme behandelt. Die Ausprägung von Frucht und weichem polymerem Tannin, das nie aus einer Charge stammen kann, wird somit in der Flasche gewährleistet und verbraucherfreundlich.

Als Alternativen zum Barriqueausbau sind weitere Möglichkeiten verbreitet, um im phenolischen Bereich für eine Stabilisierung zu sorgen sowie die aromatische Komplexität des Weins zu erhöhen – oder gar um einen Ausbau im Holzfass vorzutäuschen –, wie der Einsatz von „Chips Staves", „Sticks" oder „Powder". Eine Zugabe von Chips etc. kann aber auch den Ausbau im Holzfass unterstützen, um eine höhere aromatische Ausbeute und Polymerisation zu erzielen. Bei entsprechender Deklaration ist dagegen nichts einzuwenden. Ob es allerdings handwerklich akzeptabel ist oder eher zum „schnellen Geld" verhelfen soll, bleibt Ansichtssache.

Flaschenverschlüsse

Traditionell werden Weinflaschen mit Kork verschlossen. Seit ab Ende der 1980er Jahre jedoch vermehrt mit TCA (2,4,6-Trichloranisol) und TeCA (2,3,4,6-Tetrachloranisol) sowie später mit TBA (Tribromanisol) belastete Korken auftraten, hat die Industrie alternative Flaschenverschlüsse entwickelt.

- TeCA entsteht beim mikrobiellen Abbau von Pentachlorphenol (PCP) durch Pilze. PCP ist in verschiedenen Herbiziden und Insektiziden enthalten, die im Weinbau verboten sind, aber auch in erlaubten Holzschutzmitteln für Weinberg oder Keller.[10]
- TCA entsteht, wenn der Chloranteil in Desinfektionsmitteln mit Phenolen im Keller (in Holz, Verpackungen …) reagiert. Die Folge: Der Wein „korkt".
- TBA entsteht, wenn Brom mit Phenolen reagiert. Man hat versucht, TCA zu vermeiden, indem man das Chlor in Desinfektionsmittel gegen Brom ersetzte, doch das Problem wurde dadurch nicht wirklich aus der Welt geschafft. Die Folge auch hier: Der Wein „korkt".

Alternative Verschlüsse verhindern nicht, dass ein Wein „Kork" aufweist, wenn er TBA oder TCA enthält.

Oft wird der traditionelle Korkverschluss bei Weinen mit Reifungspotenzial benutzt, da er Sauerstoffeintrag und somit eine langsame Oxidation zulässt. Doch es gibt große Unterschiede: Ein und derselbe Wein riecht und schmeckt aus Flaschen mit unterschiedlichen Korken aromatisch durchaus verschieden.

Der Drehverschluss ist die logische Konsequenz einer reduktiven Ausbauart des Weins (fruchtbetont), da er extrem abdichtet und den Wein somit vor Sauerstoff schützt. Im Sinne der Eindeutigkeit und Aromastabilität und somit der Lagerfähigkeit ist er eine echte Alternative im Bereich der reduktiven Weinstilistik.

Gleiches gilt für den synthetischen Verschluss, ein echtes Hightech-Produkt. Auch er garantiert einen kontrollierten Sauerstoffeintrag in den abgefüllten Wein.

Kronkorken und Glasverschlüsse sind ebenso gute Lösungen, stellen aber nur einen kleinen Marktanteil.

Kellerflora und Kellerhygiene

Spezifische Hefen, Bakterien und Pilze im Keller prägen das Aroma eines Weins mit, die Art des Weins sogar zu 95 Prozent. Je mehr aktive Mikroorganismen vorhanden sind, desto schwieriger ist der mikrobiologische Status zu kontrollieren: Er kann von Jahr zu Jahr sehr unterschiedlich ausgeprägt sein. Zu einer Zunahme an aktiven Mikroorganismen kann es kommen durch mangelnde Hygiene (negativ) oder bei sehr traditionellen Ausbauweisen im Holzfass, in Beton oder in der Amphore.

Das heißt: Ist es das Ziel, moderne fruchtbetonte Weine zu produzieren, ist auf absolute Hygiene und fast Sterilität im Keller zu achten. Ist es hingegen das Ziel, natürliche Weine zu produzieren, wird man das Risiko mikrobiologischer Gegebenheiten eher eingehen, und damit das Risiko, ein Zufallsprodukt zu produzieren. Individualität und Sicherheit sind wenig kompatibel.

Besonderheiten der Weißweinbereitung

Entrappen

Das Trennen der Beeren von den Stielen, damit weniger grüne Anteile (hydrolysierte Phenole und Pyrazine) in den Saft gelangen, nennt man, wie schon gezeigt, „Entrappen". Während es bei der Rotweinbereitung meist zur Anwendung kommt (siehe S. 83), hängt es bei der Weißweinbereitung von Traubenreife, -gesundheit und -sortenausprägung ab. Technologisch reife Trauben werden oft mit Rappen gepresst und teils vergoren, für fruchtbetonte Stile jedoch wird oft entrappt, mit entsprechender sensorischer Konsequenz: Adstringenz und phenolische Härte. Daher wird der Eintrag von phenolischen Komponenten in Weißwein in Deutschland sehr kritisch gesehen. Ein Grund dafür könnte sein, dass Gerbstoffe und hohe Säurewerte als tendenziell unharmonisch eingestuft werden. Bei entsprechendem Anbau, selektiver Lese und Vinifikation sind beide Komponenten aber für maximale sensorische haptische Attraktionen verantwortlich. Beim Sologenuss von deutschen, fruchtbetonten Weinen stören sie den Mainstream.

In anderen Nationen mit anderen Essgewohnheiten sind phenolische Komponenten mit Blick auf das Food Pairing unabdingbar.

Stilistik

Die moderne Weißweinbereitung erfolgt reduktiv im geschlossenen System mit geringem Luftanteil oder traditionell oxidativ im offenen Behältnis bzw. mit Ausbau im Holz. In 80 Prozent der Kellereien wird ein fruchtiger reduktiver Ausbaustil favorisiert, denn fruchtige Weine verkaufen sich achtzigmal besser als nichtfruchtige. Der Einsatz von Enzymen und Reinzuchthefen ist obligat, ebenso die Vergärungskontrolle, Schönungen und Stabilisierung durch Schwefel.

Bei traditionellen, tendenziell oxidativen Ausbauarten wird bewusst der Verlust von primären und sekundären Aromaten in Kauf genommen, um der „Ursprünglichkeit" zu entsprechen. Der größere Anteil an Terroir und Originalität ist sicherlich hier zu sehen. Denn die Fruchtigkeit und der Anklang an exotische Aromen bei den modernen reduktiven Weinen sowie ihre klare Brillanz spiegeln nicht die Natürlichkeit der Traube und ihre Herkunft wider: Diese Effekte werden durch Reduktion, Reinzuchthefe, temperaturkontrollierte Gärung, Hygiene, Esterbildung während der Gärung und deren Stabilisation durch Schwefel erreicht.

Mostklärung

Zur Herstellung von fruchtbetonten Weißweinen wird in der Regel eine totale Mostklärung durchgeführt, teils auch über Separatoren oder Trub- und Hefefilter. In extrem vorgeklärten Mosten (ohne eigenen Trubanteil) werden Hefenährstoffe zugegeben, um eine zügige und „saubere" Gärung ohne Gärstörung zu gewährleisten.

Die Alternative zur technischen Vorklärung liegt (zumal bei der traditionellen Ausbaustilistik) in der natürlichen Sedimentation der Trubanteile im Most, die ein bis zwei Tage nach dem Pressvorgang abgeschlossen ist. Der Wein wird dann vom Trub abgezogen. Die natürliche Versorgung der Hefe mit Nähstoffen ist so wesentlich besser als in maximal geklärten Mosten. Die Aromakomplexität (nicht nur fruchtige Aromen) nimmt zu, die Eindeutigkeit jedoch ab.

Befürworter der „Terroirweine" sehen einen gewissen Trubanteil (3–5 Prozent) als notwendig an, um Lagen und traubenspezifische Anteile mit in den Wein zu induzieren, da die Hefe, sei es spontan oder mit Reinzuchtzugabe, die Eiweißanteile im Trub benötigt, um die alkoholische Gärung voranzutreiben.

Ob und wie vorgeklärt wird, ist wichtig. Denn auch hier wird u. a. über die Inhaltsstofflichkeit des Weins entschieden. Und wie bereits mehrfach erwähnt: Jede ergriffene Maßnahme bzw. jedes Unterlassen hat sensorische Konsequenzen für den späteren Wein.

Im kleinen Trend der „Orangen Weine" ist es auch Usus, Beeren, wie bei der Rotweinbereitung, mitzuvergären, um so mehr Aroma zu extrahieren und den Wein durch den Eintrag von reifen Phenolen und deren Redoxpotenzial zu stabilisieren. Die antioxidative Wirkung der Phenole spart später SO_2. Der Eintrag von Phenolen oder Gerbstoffen verleiht dem Wein Dichte und bewirkt, dass er gut zu eiweißreichen Speisen passt, denn durch die Denaturierung von Eiweißen entstehen jede Menge Umami (siehe S. 103) und weitere aromatische Komponenten, die eine Wein-Speisen-Kombination sehr attraktiv gestalten.
Durch Messungen und auf der Grundlage jahrelang empirisch gesammelter Daten gehen wir davon aus, dass die höheren Redoxpotenziale (Antioxidantien) und auch der Eintrag von mehr Kalium und anderen Mineralstoffen, die die Leitfähigkeit des Weins erhöhen, einen maßgeblichen Beitrag zur Begeisterungsfähigkeit des Weins leisten.

Besonderheiten der Rotweinbereitung

Entrappen

In der Regel werden die roten Beeren von den Stielen getrennt, damit weniger grüne Anteile (hydrolysierte Phenole und Pyrazine) in den Saft gelangen, da diese als unreif und dem Konsumentengeschmack entsprechend nicht positiv gewertet werden. Dieser Vorgang wird als „Entrappen" bezeichnet (ausführlicher zum Entrappen siehe S. 182).

Art der Maischegärung

Sensorisch ergeben die beiden Wege der Maischegärung – offen bzw. geschlossen – beim Rotwein erhebliche Unterschiede. Ziel der Maischegärung ist hier, die roten Farbanteile (Anthozyane, Flavonoide, monomere Phenole) aus der Beerenhaut in den Saft zu extrahieren. Dies erfolgt durch den Kontakt des Safts mit der gemaischten Beere.

- Bei der **offenen Maischegärung** besteht Luftkontakt: Der Eintrag von Sauerstoff ist einerseits zum Teil für die Farbstabilisation notwendig (Polymerisation mit Acetaldehyd), bewirkt andererseits aber auch einen primäraromatischen Verlust; und falls zu viel Sauerstoff in Kontakt mit der Maische kommt, kommt es zur enzymatisch-oxidativen Braunfärbung (Polyphenoloxidase). Eine weitere Gefahr bei dieser Art des Ausbaus: die Beteiligung wilder Hefen und Bakterien an der Gärung; durch sie könnte sich flüchtige Säure bilden. Doch diese Gefahren lassen sich in den Griff bekommen, auch mit offener Maischegährung lassen sich charaktervolle, aussagekräftige und stabile Weine erzeugen; allerdings sind regelmäßige Kontrollen nötig.

- Die **geschlossene Maischegärung** (reduktiv im Stahltank) gewährleistet einen kontrollierten Sauerstoffeintrag zur Farbstabilisation und verhindert den primäraromatischen Verlust, also den Verlust traubenspezifischer Aromen. Es entstehen fruchtige Rotweine, die je nach Traubenreife marmeladig oder frischfruchtig ausfallen können. Die meisten „roten Weine“, die auf dem Markt sind, werden so hergestellt. Ziel ist es meist, intensiv farbige Weine herzustellen mit wenig Tannin.

Maischeerhitzung

Viele preisgünstige und „einfache“ Rotweine wurden mit thermischen Methoden kurzzeiterhitzt, mit dem Ziel der hohen Farbausbeute und des geringen Eintrags von adstringierenden Gerbstoffen, was dem Kundengeschmack weltweit Rechnung trägt. Wurde eine Rotweinmaische erhitzt, muss sie anschließend mit Enzym- und Reinzuchthefe vergoren werden, da diese bei dem Erhitzungsvorgang zerstört wurden. Es handelt sich hier meist um sehr fruchtbetonte Weine, durch die reduktive Ausbaustilistik mit farblich violetter Ausprägung.

Kapitel 7: Sensorische Konsequenzen und Zusammenhänge erkennen

Die Qualität von Wein ist weltweit nicht einheitlich definiert. Doch sie lässt sich an einzelnen Inhaltsstoffen im Wein festmachen. Z. B. sind hohe Extraktwerte, die sich bei reduzierter Zahl von Stöcken pro Hektar in Traube und Most konzentrieren, weltweit als ein wichtiges Qualitätskriterium anerkannt.

Säuren und **Zucker** werden im modernen Winemaking oft kundenspezifisch angeglichen, **Phenole** werden entsprechend ihrer Adstringenz und Polymerisation behandelt, entfernt oder aber zugesetzt. Bei der **Aroma**ausprägung wird, je nach Stilistik, zwischen Komplexität (viel Aroma, aber wenig eindeutig) und deutlicher Fruchtattraktivität (weniger komplex, aber sehr eindeutiges Aroma) unterschieden. Diese Inhaltsstoffe in Reinform dienen der sensorischen Kalibrierung.

Mehr Fülle im Wein

Internationale Verkostungsprämierungen zeigen, dass volumenreiche Weine mit ihrem Aroma oder ihrem Mundgefühl besser in der Verbraucherakzeptanz liegen als eher leichte Weine. Die Verbraucheraussage, leichten und trockenen Wein zu bevorzugen, entspricht nicht den tatsächlichen Verbrauchszahlen. Volumen- und aromareiche Weine werden in definierten Preisgefügen deutlich bevorzugt. Der Einsatz von Reinzuchthefe und reduktiven Maßnahmen, lange Hefekontakte, Farbstabilisation und die Reduzierung der Traubenmenge pro Hektar sind maßgeblich für das Volumen der Weine ausschlaggebend.

Doch erst wenn ich weiß, worin sich z. B. eine Apfelsäure von einer Weinsäure sensorisch unterscheidet, kann ich Rückschlüsse auf das Terroir wie Einflüsse des Klimas, Anbaus, Ausbaus, Jahrgangs, etc. ziehen. Die Säure im Wein setzt sich in Wirklichkeit aus Weinsäure, Apfelsäure, Milchsäure, aber auch aus Brenztraubensäure, 2-Ketoglutarsäure, Bernsteinsäure, Zitronensäure, Glukonsäure, Galakturonsäure und schließlich auch Essigsäure zusammen.[11] Es genügt also nicht, bei einer Weintestung nur allgemein von einer „schön eingebundenen Säure“ zu sprechen. Die Fähigkeit, hier zu fraktionieren (um welche Stoffe handelt es sich?) und zu quantifizieren (wie viel ist davon vorhanden?), ist essenziell für die Beurteilung eines Weins.

Auch die Kombinationswirkung verschiedener Inhaltsstoffe muss man kennen. Dabei ist eins plus eins nicht gleich zwei. Die Synergien und Kombinationen verschiedener Stoffe gehen oft mit einer exponentiellen Steigerung der sensorischen Wahrnehmungen einher (siehe S. 19).

Wein zu beurteilen, ist und bleibt letztlich eine subjektive Angelegenheit. Doch wer mehr Objektivität anstrebt, muss wissen, warum und wie ein gewisser Geschmack zustande kommt; er muss die kausalen Zusammenhänge zwischen An-/Ausbau und Sensorik kennen (Kapitel 6). Dann ist er in der Lage, Aussagen zu überprüfen und selbst Urteile zu fällen, die gegenüber den Winzern gerecht sind. Denn dann heißt es: Trauen und vertrauen Sie Ihren Sinnen – trust your senses!

Die Inhaltsstoffe und ihre durchschnittlichen Anteile im Wein in Gramm pro Liter:[12]

Pos.	Weininhaltsstoffe	Schwankungsbreite der Menge pro Liter	durchschnittliche Menge in einem einfachen Qualitätswein
1	Ethylalkohol	44,0 – 120,0 g/l	80,0 g/l
2	Zucker (Fruktose, Glukose)	0 – 100,0 g/l	20,0 g/l
3	Gesamtsäure	4,0 – 9,0 g/l	6,5 g/l
4	Glyzerin	5,0 – 10,0 g/l	7,0 g/l
5	Mineralstoffe	2,0 – 4,0 g/l	2,5 g/l
6	Stickstoffverbindungen	1,0 – 3,0 g/l	2,0 g/l
7	Farbstoff Gerbstoff	0,3 – 3,0 g/l	Weißwein: 0,3 g/l Rotwein: 1,5 g/l
8	Diverse Stoffe wie z. B. Aromastoffe	2,4 – 4,0 g/l	3,0 g/l
	Summe Pos. 3–8 = zuckerfreier Extrakt	16,0 – 60,0 g/l	Weißwein: 24,0 g/l Rotwein: 28,0 g/l

Andere Labore geben folgende Werte an:

Zu Pos. 1: Schwankungsbreite der Alkohole

Ethylalkohol in Tischwein	50,0 – 110,0 g/l
Ethylalkohol in Dessertwein	104,0 – 176,0 g/l
Methylalkohol in Weißwein	0,02 – 0,1 g/l
Methylalkohol in Rotwein	0,09 – 0,75 g/l
Propylalkohol	Spuren
Isopropylalkohol	Spuren
Butylalkohol	Spuren – 0,1 g/l

Zu Pos. 2: Schwankungsbreite der Zucker

Glukose	0,0 – 150,0 g/l
Fruktose	0,0 – 150,0 g/l

Zu Pos. 3: Schwankungsbreite der Säuremengen

Apfelsäure	0,0 – 6,0 g/l
Weinsäure	0,5 – 4,0 g/l
Milchsäure	0,8 – 3,3 g/l
Bernsteinsäure	0,5 – 1,3 g/l
Zitronensäure	0,0 – 0,3 g/l
Flüchtige Säuren [pH-Wert]	
Ameisensäure	Spuren
Essigsäure	0,15 – 1,2 g/l
Propionsäure	Spuren
Buttersäure	0,001 – 0,002 g/l
Valeriansäure	0,001 – 0,002 g/l

Zu Pos. 4: Schwankungsbreite des Glyzerins

Glyzerin	3,5 – 25,0 g/l
In Dessertwein	104,0 – 176,0 g/l

Zu Pos. 5: Schwankungsbreite der Mineralstoffe

Mineralstoffe	1,5 – 3,0 g/l
Lithium	< 0,1 g/l
Natrium	0,1 – 0,6 g/l
Kalium	0,5 – 2,5 g/l
Kupfer	ca. 0,001 g/l
Silber	ca. 0,001 g/l
Magnesium	0,1 – 0,24 g/l
Calcium	0,1 – 0,2 g/l

Zu Pos. 6: Schwankungsbreite der Stickstoffverbindungen

Gesamtstickstoff	0,1 – 0,9 g/l
Histidin	ca. 0,0014 g/l

Zu Pos. 7: Schwankungsbreite der Gerbstoffe

In Weißwein	0,05 – 0,4 g/l
In Rotwein	1,0 – 2,5 g/l
Extrakt	15,0 – 30,0 g/l

(zuckerfrei) 95 % Phenol, 2–3 % org. Säuren, 2–3 % Mineralstoffe

Kapitel 8: Food Pairing zum Wein

Was wäre Wein ohne das passende Essen? Aber wer bestimmt, was passend ist? Die Empfehlungen, von denen wir gewöhnlich lesen, sind in der Regel subjektiv-hedonischer und individueller Natur. Darum soll es hier nicht gehen. Was wem gut schmeckt, soll hier keine Rolle spielen. Es geht stattdessen auch in diesem Kapitel darum, zu verstehen, was wie, wann und wo sensorisch in Mund und Nase passiert, wenn nämlich Speisen und Weine im Mund zusammentreffen.

Bei der Sensorik geht es auch um regionale und kulturelle Ausprägungen, Küchen- und Kochstile, länderspezifische Rezepte mit traditionell passender Weinbegleitung, kreative Kombinationen, Klassiker – doch physiologische Funktionalitäten auf chemisch-neuronaler Ebenen spielen ebenso eine Rolle: Gemeint ist hiermit, dass einzelne inhaltsstoffliche Kombinationen von vornherein logisch und strukturiert erscheinen. Die Kenntnis dieser Zusammenhänge ermöglicht eine Wiederholbarkeit, also Reproduktion – anders als subjektive Einschätzungen darüber, was gut zusammenpasst und was nicht (womit wir uns wieder in der Interpretation bewegen).

Das professionelle Ziel des Gutachters besteht also darin, nicht Kombinationen als gut zu beurteilen, die ihm persönlich gut gefallen, sondern darin, sie zu analysieren, die sensorischen Zusammenhänge zu verstehen und die Kombinationen nachvollziehbar zu beurteilen. Auch hier spielen Zielgruppen eine Rolle. Wichtig ist, dass jegliche Interpretation begründet werden kann und dadurch nachvollziehbar ist und dass jeder in der Kommunikation einen Benefit erzielen kann.

Die ersten systematischen Überlegungen in diese Richtung gab es bereits 1992 bei Mondavi in Kalifornien. Ziel war es, ein System zu entwickeln, mit dem sich alle Speisen und alle Weine dieser Welt miteinander vergleichen lassen. Nicht die Interpretation, sondern die Dokumentation der apperzeptionellen Empfindung (also des objektiven Teils der Wahrnehmung) steht als wiederholbarer Faktor Pate bei dieser Systematik.

In der Praxis geht es beim sensorischen Food Pairing nach dem PAR-System darum, zunächst ohne Interpretation sowohl für die Speise als auch für den zu kombinierenden Wein die jeweiligen **Inhaltsstoffe** zu beschreiben („dieses oder jenes schmeckt sauer“), zu quantifizieren („in welchem Grad [‚wie viel‘] schmeckt es sauer?“) und zu spezifizieren („wie schmeckt es sauer?“). Durch die Gegenüberstellung der Speisen- und Weininhaltsstoffe erhält man dann eine quantitative Analyse und kann die Wirksamkeit der Inhaltsstoffe in ihrer Kombination beurteilen.

Diese Vorgehensweise ist nicht neu, aber ungewöhnlich. Sie verlangt Disziplin beim Kochen und beim Zusammenstellen der Speisen zum Wein. Doch sie ist der Weg, hohe Reproduktionen (Wiederholbarkeiten) bei der Wein-Speisen-Kombination zu erlangen.

Zunächst wollen wir uns an dieser Stelle noch einmal genauer ansehen, wie das Schmecken funktioniert.

Die Grundarten des Schmeckens und ihre Wahrnehmung

Die Stellen, an denen die vier Grundarten des Schmeckens,
- **süß**,
- **sauer**,
- **salzig** und
- **bitter**,

erkannt werden, sind auf der gesamten Zunge verteilt – es gibt also keine spezifischen Areale. Von Mensch zu Mensch ist dies recht unterschiedlich, aber doch so ähnlich, dass sich die Reizaufnahme durchaus bei allen Menschen vergleichbar darstellen lässt.

Zu unterscheiden ist im Mund eine trigeminale-haptische (schnelle) Reizweiterleitung vom vorderen Mundbereich aus sowie eine vagusbetonte (langsamere) Reizweiterleitung vom hinteren Mundbereich aus. Bestimmte schmeckbare Stoffe wirken eher trigeminal, andere eher vagal. So wird z. B. Apfelsäure mehr im vorderen Mund wahrgenommen, Weinsäure eher im hinteren.

Auffällig ist, dass das Schmecken und die Wirkung z. B. einer Säure parallel laufen und dass Schmecken und Fühlen holistisch in eine gemeinsame Wahrnehmung zusammenlaufen. Bei Säurewirkungen spricht man von Irritationen, bei Gerbstoffen von Adstringenz. Und Glukose schmeckt nicht nur süß, sondern wirkt im vorderen Mundbereich auch noch kühlend, wohingegen Fruktose eher im hinteren Mundbereich ausladend wirkt und sich deutlich langsamer entwickelt als Glukose (siehe Seite 98).

Als fünfte Grundqualität des Schmeckens ist seit den 1920er-Jahren der Umami bekannt, der Kokumi jedoch ist eine neue Interpretation. Auch Fette lassen sich schmecken und nicht nur fühlen, so die neueste Forschung.

Im menschlichen Mund gibt es zwei wichtige Arten von Rezeptoren. Die einen sind fähig, Salze und Säuren zu identifizieren, die anderen Süße und Bitterkeit. Treffen die beiden unterschiedlichen Reize – z. B. Säure und Salz – nacheinander auf den Rezeptor, werden sie als solche erkannt. Treffen Sie jedoch gleichzeitig auf den Rezeptor, kommt es nicht mehr zur spezifischen Reizweiterleitung, und es schmeckt weder sauer noch salzig. Der Rezeptor ist depolarisiert, das Schmecken ist aufgehoben. Die sensorische Wirkung ist allerdings sehr effektvoll, da viele Fasern des Trigeminus aktiv sind. Gleiches gilt für Bitterkeit/Süße. Diese Wirkung wird **sensorische Pufferung** genannt. Wichtig bei diesem Prozess ist, dass der Hauptnerv (z. B. Trigeminus) durchaus aktiv ist und das Aktionspotenzial als Mundgefühl weitergibt, obwohl die spezifische Erkennung nicht gegeben ist.

Folgende Schmeckarten puffern sich gegenseitig:
- süß und bitter
- salzig und sauer

Hat man z. B. eine Salatsoße versalzen, helfen wenige Tropfen Zitronensaft, um das salzige Schmecken aufzuheben oder zu minimieren. Gleiches passiert, wenn saurer Wein mit salzigen Speisen zusammentrifft. Diese beiden Inhaltsstoffe heben sich auf und verursachen ein dichtes, kompaktes, nicht breites Mundgefühl sowie auf den Zähnen eine glatte Oberfläche. Diesen Effekt nenne ich Tequila-Effekt, weil Tequila auch mit Salz und Zitronensaft vorbereitet wird (siehe S. 109).

Mund- und Nasengefühl

Für das Mundgefühl sind ebenfalls die beiden Hirnnerven Nervus Trigeminus und

Nervus Vagus verantwortlich. Ihre Fasern können Folgendes erkennen:

- Temperaturen (warm und kalt)
- Textur (weich vs. hart, rau vs. glatt, sämig vs. wässrig, cremig vs. nicht-cremig ...)
- Gewicht
- Schärfe (Hotrezeptoren) – Schmerz
- Volumen

Der **Trigeminus** versorgt das vordere Gesichtsfeld, Zunge, Mundschleimhaut, Zähne, Nase etc. Er sitzt in der Großhirnrinde und ist an der Bewusstwerdung eines Reizes, der zur Wahrnehmung führt, beteiligt. Man könnte ihn auch den kognitiven Nerv nennen, denn mit ihm lassen sich quantitative Wahrnehmungen wie viel vs. wenig, warm vs. kalt, spitz vs. rund, scharf vs. mild, weich vs. hart usw. erlernen. Er unterliegt auch der physiologischen Adaption, das heißt, der Effekt der Gewöhnung an einen Reiz erfolgt im Minutenzeitraum.

Im hinteren Mund versorgt der **Vagus**-Nerv und im Mittelbereich der **Glossopharyngeus** den Mund und verursacht den „**Nachgeschmack**" (parasympathisch und perzeptionell). Der Vagus (teils viszeroefferent und somatosensibel [berührungsempfindlich]) ist in der Reizweiterleitung ca. zehnmal langsamer als der Trigeminus. Das bedeutet in der Praxis, dass das „lange Nachschmecken" immer vagalen Ursprungs ist. Aktivierte Enzyme aus dem Mundspeichel (z. B. durch langes Kauen) setzen Eiweiße, Kohlenhydrate oder Fette aus der Nahrung frei, die durch Fasern (Rezeptoren) von Vagus und Glossopharyngeus detektiert (erkannt) werden, wodurch der lange anhaltende Nachgeschmack im hinteren Mund entsteht.

Das haptische Munderlebnis ist eng mit unserem emotionalen Erlebnis verknüpft. Besonders der vordere Mundbereich (trigeminal), wie Lippe und Zunge, ist sehr dicht mit diesen Rezeptoren bestückt. Der erste Kontakt mit einem Glas, einer Gabel oder auch das Essen von Fingerfood (Beteiligung der Hand) erzeugt große emotionale Momente im Hirn und schüttet entsprechende Hormone aus, wie z. B. Serotonin (Glückshormon), Adrenalin (Aufmerksamkeitshormon), Dopamin (Hormon, das schnelle Befriedigung signalisiert wie beim Genuss von weißem Zucker), Histamin (Hormon, das bei Unverträglichkeiten aktiv wird) und andere.

Auch die Nase wird durch trigeminale Fasern versorgt. Der Nervus Maxillaris versorgt sie mit „Gefühl" und ist u. a. verantwortlich für den Niesreiz, Kribbeln oder Stechen.

In der haptischen Kombination aus Nasengefühl und Mundgefühl entsteht das holistische Erlebnis (Gesamterlebnis) von Volumen, Länge und Intensität (Taktilität oder Nasenaspekt).

Das Zusammenspiel von Schmecken und Fühlen: Wohlgeschmack

Die schmeck- und fühlbaren und teils aromatischen (multisensorischen) Wahrnehmungen (Riechen: Aroma; Schmecken: süß/sauer/salzig/bitter; Fühlen: Haptik; Umami; Kokumi) sind für den emotionalen Genuss und den „Wohlgeschmack" wesentlich verantwortlich. Wohlgeschmack entsteht also aus dem Zusammenwirken dieser sieben Wahrnehmungen, aus deren Intensität, Veränderbarkeit (Pufferung, Überlagerung, Aufhebung oder Verstärkung) und Dynamik, also der zeitlichen Komponente.

Hier ist es vor allem die eben geschilderte neuronale Versorgung, die die Intensität, aber auch die Schnelligkeit der Wahrnehmung des Mundgefühls ausmachen.

Wohlgeschmack ist eine Größe, die zwei Interpretationen zulässt (die verbale Form stellt per se eine Interpretation verschiedener Wahrnehmungen dar, da sie vermeintlich hedonischen Ursprungs ist):

1. Wohlgeschmack als eine soziokulturelle Größe: Statistisch haben Menschen ein und derselben Sozialisation gewisse Präferenzen (Vorlieben) oder Aversionen (Abneigungen) gegen bestimmte Nahrungsmittel oder Nahrungsmittelkombinationen. Eine Kombination nach der Gauß'schen Verteilung wäre der Mainstream, der von den meisten Menschen als „gut" empfunden wird. Dem Mainstream steht die Extravaganz gegenüber: Keiner sieht sich dabei als dem Mainstream angehörig, jeder möchte extravagant sein. Tatsächlich ist es aber so, dass jeder z. B. Süße und Fett mag. Im Food Design werden statistische Größen genutzt, um „leckere" Lebensmittel herzustellen. Food Designer wissen, was „gut schmeckt", und stellen danach ihre Produkte zusammen. Kombinationen aus Zucker, Fett, Umami, Kokumi, Salz und Säure mit eindeutigem Aroma gelten in diesem Sinne als erfolgversprechend. Qualitative Komponenten sind hier noch nicht berücksichtigt.
2. Wohlgeschmack als eine evolutionär bedingte physiologische Grundvorliebe: Aufgrund unserer Sozialisation kurzfristig und regional unterschiedlich, sowie längerfristiger, evolutionärer Bedingungen und wahrscheinlich auch gen-bedingt sind wir physiologisch in unterschiedlichem Maß dazu in der Lage, süß, salzig und umami wahrzunehmen. Aromatische, schmeckbare sowie haptische Multikomponenten stellen die Basiskombinationen für „gutes Essen" dar und könnten Wohlgeschmack so neu definieren. In Indien gilt anderes als gut als in Südamerika und dort wieder anderes als in Mitteleuropa. Z. B. wird ein Bewohner Indiens die „Schärfe" einer Speise in wesentlich höherer Konzentration als angenehm empfinden als ein Mitteleuropäer.

Erkennen und Wiederkaufen eines Weins oder einer Speise

Das Erkennen einer Speise, eines Weins oder einer Kombination aus beidem erfolgt zu 95 Prozent über deren aromatische, also flüchtige Komponenten. Am Schmecken und an der Haptik lassen sich lediglich ca. 5 Prozent der bewussten Wahrnehmung festmachen, Geschmack und Haptik haben jedoch den wesentlich größeren Anteil an der emotionalen Bindung an einen Wein bzw. eine Speise. Diese Reize wirken also tendenziell mehr apperzeptionell (also als Wahrnehmung ohne kognitive, bewusste Interpretation) als intuitiv (nicht als ein auf Reflexion beruhendes Erkennen). Das heißt, sie lassen sich weniger gut quantifizieren, wirken aber intensiv auf das Gemüt und rufen emotionale Reaktionen hervor (die seelische Komponente beim Essen).

Bei einer Speise-Wein-Kombination sprechen wir von weit mehr als 2000–3000 aromatischen Komponenten. Die Gefahr besteht darin, dass eine Kombination zu komplex ist und somit als „überladen" und „matschig" beurteilt wird. Enthält sie allerdings zu wenig Aroma, ist sie zu wenig aussagekräftig und wird nicht erkannt. Hier spielt der Effekt der Signaltransduktion (taktile Empfindung durch Reizkonzentration) eine Rolle (siehe S. 16). Demgegenüber wird es als Erfolg gewertet, wenn zwar wenige, dafür aber eindeutige Aromen vorhanden sind (z. B. „riecht deutlich nach Erdbeeren oder Kaffee"; weniger ist oft mehr).

Wie auch immer: Am Aroma erkennt man eine Speise, Wein, Bier, etc. Durch die haptischen Ereignisse wird man sie mögen, nachhaltig gut finden und wiederkaufen.

Wein zum Essen oder Essen zum Wein? Ziele und Grundideen von PAR Food Pairing

Meistens wird der Wein zum Essen ausgesucht. Der Wein hat in der Gastronomie traditionell die Aufgabe, die Speise in Szene zu setzen, das heißt, die Inhaltsstoffe und die Aromen des Essens so zu präsentieren, dass sie möglichst viel „Wohlgeschmack“ oder Harmonie erzeugen. Die Speise steht im Vordergrund. Der Wein selbst soll dezent im Hintergrund bleiben.

Ganz allgemein sei gesagt: Um dem Ziel des Genusses näher zu kommen, sollten alle Kombinationen von Speisen und Wein erlaubt sein. Wer einen Saint Émilion lieber zu seinem Coq au Vin trinkt als einen Brouilly oder Chénas, der soll es tun. Man kann niemandem sein eigenes Genussverhalten verbieten oder vorschreiben.

Beim Essen gibt es jedoch so manche Variablen, die beim Kochen verändert werden können, wohingegen dem Wein bei Tisch nicht noch etwas Säure oder Aroma zugesetzt werden kann. Daher wäre es sicher sinnvoller, umgekehrt vorzugehen: die (in jede Richtung veränderbare) Speise auf den (unveränderbaren) Wein hin abzuschmecken.

Mit Blick auf diese Vorüberlegungen sind die Ziele des PAR Food Pairing folgende:

- Alle Speisen sollen miteinander vergleichbar sein.
- Alle Weine sollen miteinander vergleichbar sein.
- Es soll möglich sein, genau auf Vorlieben der Kunden hin zu kochen.
- Es soll möglich sein zu begründen, warum etwas wie schmeckt.
- Die Methode soll weltweit in allen Kulturen und Sozialisationen anwendbar sein.

> Es ist (fast) egal, was man auf dem Teller hat: Mit dieser Methode schmeckt das Essen immer zum Wein.

Im Wesentlichen geht es beim Food Pairing nach dem PAR-System um die Frage, welche Inhaltsstoffe im Wein mit welchen Inhaltsstoffen in einer Speise Wohlgeschmack hervorbringen können. Beim Food Pairing wird also inhaltsstofflich gearbeitet. Gefragt wird nach primären Wirkungen (Perzeptionen)

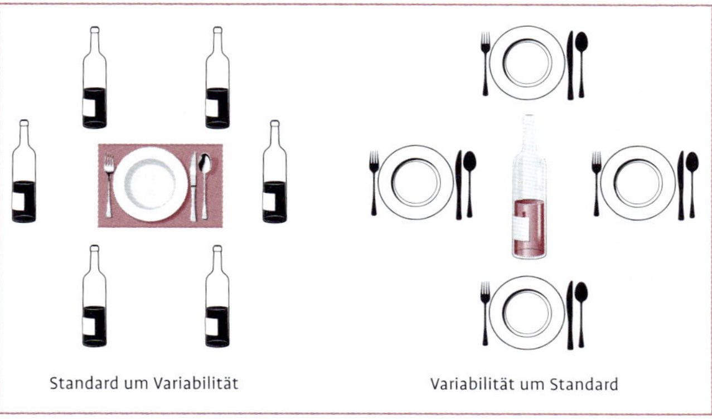

Abb. 13 Wein zum Essen oder Essen zum Wein?

verschiedener Inhaltsstoffkombinationen: Welche Reize lösen welche Reaktionen in Nase und Mund aus? Die Assoziationen zu den Inhaltsstoffen spielen zwar eine wichtige Rolle, werden aber erst in zweiter Linie mit in die Kombinationen eingebunden. Jeder Wein muss individuell analysiert und bekocht werden, um das optimale Ergebnis zu finden.

Es müssen immer die variablen Anteile einer Kombination die weniger variablen Anteile ergänzen. Logischerweise wird also „um den Wein herum" gekocht.

Folgende Effekte lassen sich in der Praxis herstellen, je nachdem, ob man eine harmonische oder eine Kickvariante möchte:

- Pufferung (Säure und Salze; Bitterkeit und Süße; Adstringenz und Eiweiß)
- Überlagerung (z. B. Säure durch Zucker und Fett)
- zeitliche Verschiebung (z. B. Umamivorschub aufgrund der Reaktion von Gerbstoffen oder Säuren beim Eiweißkontakt)

Die Wirkung der einzelnen Inhaltsstoffe

Der inhaltsstoffliche Vergleich der zu kombinierenden Weine und Speisen ist der erste Schritt. Die folgende Gegenüberstellung der möglichen Inhaltsstoffe hat für alle Weine und alle Speisen dieser Welt Gültigkeit:

Die Symbole stehen für die Wirkung der jeweiligen Inhaltsstoffe:

- Je mehr dieser Anteile kombiniert werden, desto größer der kulinarische Kick oder die Herausforderung. Die Wirkung dieser Anteile kann als eckig, kantig, hart, spitz, fordernd beschrieben werden. Zu viel davon könnte aber auch anstrengend wirken.
- Die mit einem roten Kreis markierten und rotgeschriebenen Inhaltsstoffe werden als weich, rund, füllig empfunden. Sie fungieren als „Harmoniejoker". Durch ihre vermehrte Zugabe auf der Seite der Speise oder Vorhandensein auf der Weinseite harmonisieren sie das Mundgefühl. Außerdem wirken sie aromaverstärkend. Zu viel davon kann aber auch schnell träge wirken. Harmonie und Langeweile liegen in der Kulinaristik nahe beieinander.

In der Abbildung deuten die Pfeile das jeweilige Zusammenwirken der Inhaltsstoffe miteinander an. Wobei sich Salz und Säure sowie Zucker und Bitterkeit gegenseitig neurologisch puffern (aufheben). Gerbstoffe mit Säuren regieren mit Eiweiß.

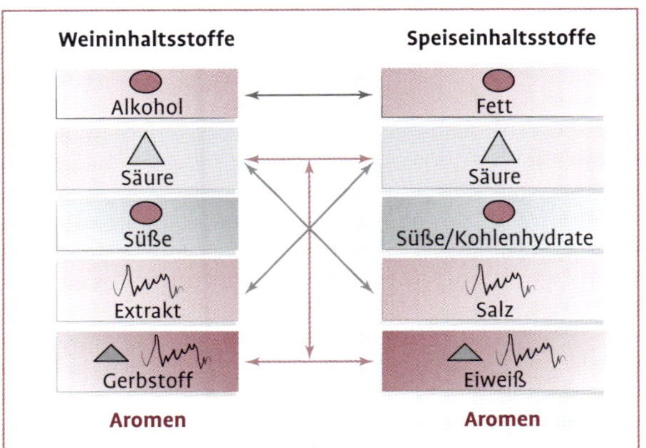

Abb. 14 Übersicht Wein- und Speiseinhaltsstoffe.

Je reaktionsfreudiger/lebendiger der Wein, desto höher ist das Begeisterungspotenzial seiner Kombination mit einer Speise.

lebendiger Wein:	**Lebendigkeit eingeschränkt:**
• reaktive, polymere Phenole • nicht mikrooxigeniert • hoher Mineralstoffanteil • geringe Schwefelgabe (aktive Enzyme) • gepufferte Säure	• starke Schönung und Filtration • frühe/hohe Schwefelgabe • Mikrooxigenierung
	Kombinationsfrage reduziert auf: • Aromen • Säure • Alkoholreaktion

Grundsätzlich lässt sich sagen: Je lebendiger, unbehandelter und somit reaktionsfreudiger oder auch weniger stabil der Wein ist (gering geschwefelt, geschönt, gefiltert), desto höher ist das Reaktionspotenzial (aus polymeren Phenolen, Mineralstoffen, Säuren …) und desto mehr wirkt er bei der Kombination mit einer Speise auf das Mundgefühl. Ist hingegen die Lebendigkeit des Weins durch starke Schönung, Filtration oder hohe Schwefelgabe bereits eingeschränkt, reduziert sich die Kombinationsvielfalt von Wein und Speise auf die vorhandenen Aromen sowie die Säure- und Alkoholreaktion.

Alkohol

Alkohol (Ethanol) ist eine Flüssigkeit, die nicht riech- und nicht schmeckbar ist. Bei zunehmender Temperatur ist sie sehr leicht flüchtig. Aromen hängen sich an den Alkohol und werden somit ebenfalls flüchtig und für uns riechbar.

Im Mund wirkt Alkohol wärmend (verschiedene Rezeptoren sind für Temperatur- bis hin zu Schmerzwahrnehmung verantwortlich), da er die Gefäße erweitert (Volumenverstärkung), und brennend infolge der Konzentration spezifischer Neurotransmitter. Bei hoher Dosierung (bzw. geringer Überlagerung durch Mineralstoffe und Säuren) im Wein kann Alkohol eine deutliche Irritation im Mund oder in der Nase bewirken. Diese haptische Wirkung wird gern als „stechend“, „brandig“ oder „scharf“ beschrieben. Durch **Salze** und **Säuren** kann sie überlagert werden – und umgekehrt. Aus Alkohol mit Säure entstehen fruchtig riechende Esterverbindungen.

Mit **Süße** entsteht ein deutliches Volumenempfinden aufgrund paralleler Reizung z. B. vagaler und trigeminaler Fasern, wobei die Süße eher entweder vagal oder trigeminal wirkt. Die Süße des Glyzerins (oft als Extraktsüße bezeichnet) spielt eine übergeordnete Rolle.

Vorsicht bei der Kombination mit **Fett**! Für Einzelheiten siehe S. 95.

Siehe zudem zum „Tequila-Effekt“ auf S. 109.

Eigenschaften und Wirkung von Alkohol

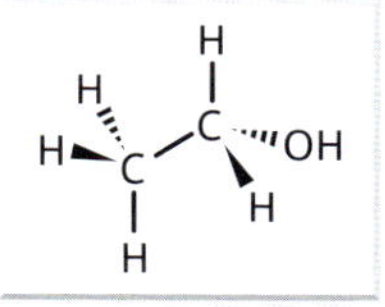

Abb. 15 Strukturformel des Ethanols.

- geruch- und geschmacklos
- wirkt gefäßerweiternd (Temperatur-/Schmerzempfinden)
- transportiert Aromen (zunehmend flüchtig bei steigender Temperatur)
- Überlagerung (≠ Pufferung) möglich durch Salze und Säuren
- Süße und Alkohol: deutliches Volumenempfinden aufgrund paralleler Reizung
- Mit Säure entstehen fruchtig riechende Esterverbindungen.
- Vorsicht bei der Kombination mit Fett → metallischer Geschmack!

Fett

Fette sind Ester aus dem freiwertigen Alkohol Glyzerin und einer Fettsäure. Sie werden durch eigene Rezeptoren auf der Zunge und im Mund erkannt.

In der Speisen-Wein-Kombination dienen sie generell als Harmoniejoker – sie bewirken ein rundes, cremiges Mundgefühl. Allerdings gibt es deutliche sensorische Unterschiede nach Qualität bzw. Struktur der Fette: Die Rezeptoren, die für die Erkennung von Fettsäuren zuständig sind, stellen die unterschiedlichen Fettsäuren auch unterschiedlich dar. Das bedeutet, dass unterschiedliche Fette auch unterschiedlich schmecken, andere haptische Ereignisse verursachen und verschieden stark mit **Alkoholen** reagieren. Enzymatisch werden sie aufgespalten durch Lipasen in Glyzerin und Fettsäuren.

Sensorisch zu unterscheiden sind:

- gesättigte Fettsäuren (tierische Fette, Butter): Sie wirken eher behäbig und schwer; überlagern Bitterkeit, Säure und Adstringenz.
- ungesättigte Fettsäuren (pflanzliche Fette): Sie wirken im Mund dynamisch, werden als leichter empfunden, verleihen einer Speise Leichtigkeit (mediterrane Stilistik).

Mehrfach gesättigte Fettsäuren reagieren schnell mit Sauerstoff, oxidieren und werden über enzymatische Reaktionen ranzig.

Säuren

Unterschiedliche Säuren (z. B. Apfelsäure, Weinsäure, Milchsäure, Essigsäure) schmecken unterschiedlich sauer. Auch die Konzentration und der Dissoziationsgrad (Abspaltung des H^+-Ions) der Säure spielt eine bedeutende Rolle dahingehend, wie sauer sie schmeckt und wie irritierend (haptische Beteiligung) sie auf die Mundschleimhaut wirkt. Die Irritation wird vor allem an den Mundschleimhäuten als deutliches Prickeln oder gar Stechen wahrgenommen. Unabhängig von der Konzentration der Säure

Fette in der Sensorik

Fette dienen generell als Harmoniejoker. → rundes, cremiges Mundgefühl
Je nach Qualität bzw. Struktur unterscheiden sie sich in der Sensorik:

gesättigte Fettsäuren (tierischen Ursprungs)	ungesättigte Fettsäuren (pflanzlich, Öle)
wirken eher harmonisch, träge, sättigend bis hin zu klebrig	wirken dynamisch, cremig und verleihen der Speise eher Leichtigkeit (mediterrane Stilistik)

Fette überlagern (≠ puffern) Bitterkeit, Säure und Adstringenz.
Vorsicht bei der Kombination mit hohen (bzw. gering gepufferten) Alkoholwerten → metallischer Geschmack!

wird es zu deutlichem Speichelfluss kommen, wodurch die Säureirritation reduziert wird (Verdünnung der Säurestärke durch den Wasseranteil im Mundspeichel).

Im Wein kommen hauptsächlich Apfelsäure und Weinsäure vor, in Speisen finden wir Säure auch in Form von Essig oder Säuren der Zitrusfrüchte u. v. m.

- **Apfelsäure** reagiert mehr im vorderen Mundbereich (trigeminal, Kussmundreaktion). Sie wirkt recht schnell.
- **Weinsäure** schmeckt mehr im hinteren Mundbereich (vagal). Sie wirkt eher langsam, mit einem ausfüllenden Effekt und längerem Nachhall.
- **Zitronensäure** (im Wein in der Regel allenfalls zugesetzt) ist mittig auf der Zunge erkennbar.
- **Essigsäure** oder auch **andere flüchtige Säuren** wie Ameisensäure verursachen deutliche Irritation.

Apfelsäure	Weinsäure
schmeckt eher im vorderen Mundbereich (trigeminal); wirkt recht schnell; wirkt gleichzeitig auf die Schleimhaut im vorderen Mundbereich irritierend	schmeckt im hinteren Mundbereich (vagal); wirkt eher langsam; verleiht einen ausfüllenden Effekt im hinteren Mundbereich; langer Nachhall
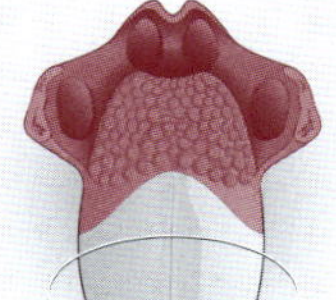	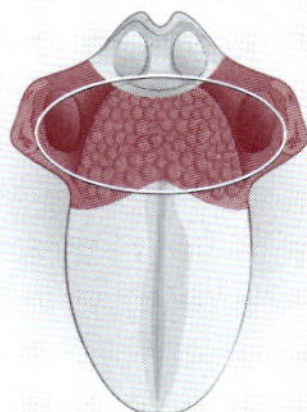

Milchsäure	Zitronensäure	Ascorbinsäure
schmeckt deutlich weniger sauer als Apfelsäure und etwas weniger als Weinsäure; höherer Irritationseffekt	nicht riechbar; schmeckt im mittleren Zungenbereich (Glossopharyngeus); wirkt punktiert; tendenziell metallisch	antioxidant; leicht irritierend; wird oft mit metallisch verwechselt

Wirkung von Säuren

Säuren schmecken sauer und haben zudem eine haptische Wirkung (sogenannte Irritation) → Prickeln/Stechen an den Schleimhäuten; Speichelfluss wird angeregt.
Säuren „verbinden“ sich in wässrigen Lösungen mit Mineralien und puffern sich sensorisch. → Depolarisierung des Rezeptors → mineralisches Schmecken / Tequila-Effekt
Neue schmeck- und fühlbare Stoffe werden gebildet, die ebenfalls Wahrnehmungen auslösen. → Ester, Umami, Peptide

In wässriger Lösung (Suppen, Soßen etc.) verbinden sich Säuren mit **Mineralien/Salzen** und werden so sensorisch gepuffert (Tequila-Effekt, siehe S. 109). Durch die vorhandene Mineralität wird auch die haptische Wirkung des **Alkohols** (Brandigkeit) überlagert. So kann ein Wein mit 12 Vol.-% Alkohol und fehlender Mineralität brandig erscheinen, während bei einem anderen Wein mit 15 Vol.-% das Vorhandensein von hoher Mineralität (bzw. Säure und Salz im Essen) die brandige Wirkung verhindert.

Durch die Einwirkung von Säure auf andere Inhaltsstoffe im Wein oder in der Speise (insbesondere **Eiweiß**, **Phenole**, **Alkohol**) bilden sich neue schmeck- und fühlbare Stoffe (Peptide, Umami, Ester ...), die wiederum weitere Wahrnehmungen auslösen. Die Variationen sind derart vielfältig, dass sie nur grob quantitativ dargestellt werden können. Hier die wichtigsten:

- Säure mit **Süße** empfinden die meisten Menschen als attraktiv.
- Säure koaguliert (Flockung) rohes Eiweiß: Im Mund findet ein Gerinnungseffekt statt, der in der Regel als unangenehm empfunden wird. Die weitere Denaturierung von rohem Eiweiß durch Säure ist für Umami und Kokumi mit verantwortlich, was dann wieder als angenehm empfunden wird.

Süße

Die Vorliebe für Süße liegt bereits in den menschlichen Genen. Süß wird von über 85 Prozent der Menschen bevorzugt – Tendenz weiter steigend. Somit ist die Motivation für die Erkennung von Süße sehr groß und die Reizschwelle in der Regel deutlich höher als bei den anderen Schmeckqualitäten.

Der Gewöhnungseffekt (Adaption wie Habituation) tritt bei der Süße enorm schnell ein; daher schmecken sehr süße Lebensmittel nach kürzester Zeit deutlich abgeschwächt süß – man verlangt dann nach immer mehr Süße, um den Level zu halten.

Der Rezeptor für Süße erkennt auch bitter. Daher handelt es sich hier um eine echte sensorische Pufferung. Süße und **Bitterkeit** sind daher immer Pufferungspartner, heben sich gegenseitig auf. Da Bitterkeit eher vagal, also im hinteren Mundbereich erkannt wird und der Vagus langsamer in der Reizweiterleitung ist als die Nerven im vorderen Mundbereich, verändert sich auch die Dynamik im Mund.

Glukose und Fruktose im Wein

Das Süßespektrum beim Wein ist riesig. Von weniger als 1 Gramm bis über 400 Gramm und mehr pro Liter ist alles möglich. In der Traube kommen Fruktose und Glukose zu je gleichen Teilen vor. Bei der Gärung wird zuerst die Glukose vergoren. Gärt also ein Wein nicht ganz durch, bleibt ein natürlicher Anteil der Fruktose erhalten.

Die Wirkung der Glukose wird als dynamisch, leicht kühlend am vorderen Gaumen und etwas härter/punktierter beschrieben als die der Fruktose. Fruktose hat die fast doppelte Süßkraft im Vergleich zur Glukose. Hochwertige Weine können auch aufgrund ihres Glyzerinanteils zusätzlich leicht süß schmecken. Das Empfinden von Süße kann außerdem verstärkt werden durch einen **niedrigen pH-Wert** (< 4, vor allem nach biologischem Säureabbau). Eine „Extraktsüße“, wie sie immer mal wieder beschrieben wird, ist jedoch nicht existent.

Eine Kombination aus **Weinsäure** und Fruktose (beide werden vagal erkannt) wird durch den langsamen Vagus im hinteren Mundbereich erschmeckt und wird dadurch als „lang“, anhaltend und balanciert empfunden. Glukose und **Apfelsäure** hingegen, beide trigeminal getriggert, also im vorderen Mundbereich schmeckbar, werden als schnell und intensiv, aber auch als „schnell wieder weg“ empfunden. Apfelsäure und Glukose werden als süß-sauer, als nebeneinanderstehend (Haptik) beschrieben. Aufgrund dieser unterschiedlichen Dynamiken des Mundgefühls kommt es zu sehr verschiedenen Kombinationen. Jedenfalls lässt sich aufgrund dieser Spezifikationen eine Süßspeisekombination mit einem Süßwein verblüffend punktiert oder eben länger im Mund darstellen, harmonisierend (langweiliger?) oder als gegensätzliche Empfindung, je nach dem, welche dieser Stoffe und wie viele davon im Spiel sind.

- Süß kombiniert mit sauer empfinden die meisten Menschen als attraktiv, da mehr Aktionspotenzial vorliegt, also mehr Nerven an der Empfindung beteiligt sind.
- Süße puffert Bitterstoffe.

> Merke: Bei süß kombiniert mit bitter sind die gleichen Rezeptoren aktiv wie bei der Kombination von süß und salzig, doch letztere Kombination wird ab einer gewissen Intensität als eher unangenehm empfunden, was zuweilen daran liegen kann, dass keine oder nur sehr wenige Pufferungspartner aktiv sind. Der kleine Spritzer Zitronensaft oder die Prise Zucker, etwas Fleur de Sel und eine geringe Menge Kaffeesud (Koffein schmeckt bitter) in allen Speise-Wein-Kombinationen werden somit immer die Komplexität durch die neuronalen Aktivitäten erhöhen.

- Süße gilt als Harmoniejoker.
- Süße kombiniert mit Süße verstärkt sich durch Konzentrationszunahme und bei Verwendung unterschiedlicher Süßequellen (Fruktose, Glukose, Maltose, Glyzerin …).
- Fruktose und Weinsäure (beide vagal wahrgenommen) verbinden sich mehr in der Dynamik und erinnern an Brause.
- Glukose und Apfelsäure stehen nebeneinander, das Zusammenspiel wirkt süß-sauer.

Kohlenhydrate in Speisen

Kohlenhydrate sind ein Produkt aus der Photosynthese und werden allgemein als Zucker oder Stärke bezeichnet. Speisen

Die Wirkung von Süße im Wein

Glukose (Traubenzucker)	Fruktose (Fruchtzucker)
schmeckt eher im vorderen Teil (trigeminal); wirkt recht schnell; wird als frisch mit leicht kühlem Effekt hinter den Zähnen empfunden	wirkt eher langsam im hinteren Mundbereich (vagal); schmeckt deutlich süßer als Glukose; langer Nachhall

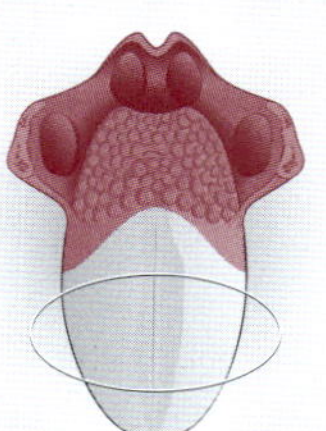

Das Empfinden von Süße kann verstärkt werden durch:

- hohe **Glyzerin**gehalte
- niedrigen **pH-Wert** (v. a. nach biologischem Säureabbau)

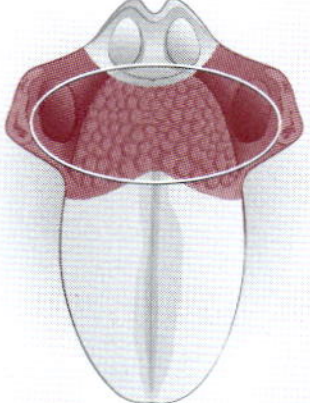

enthalten Süße in allen Arten von Kohlenhydraten:

- Monosaccharide/Einfachzucker (z. B. Glukose, Fruktose, Honig)
- Disaccharide/Zweifachzucker (z. B. Haushaltszucker/Saccharose, Milchzucker/Laktose, Malzzucker/Maltose)
- Höherwertige Zucker/Polysaccharide (z. B. Stärke, Zellulose, Chitin, Glykogen, Ballaststoffe, Raffinose)

… oder auch durch andere Stoffe wie

- Süßstoff „Aspartam" (Dipeptid).

Kohlenhydrate sind mehr oder weniger gut wasserlöslich (Polysaccharide ausgenommen) und schmecken unterschiedlich intensiv süß. Daneben zeigen sie im Mund weitere unterschiedlich ausgeprägte haptische Wirkmuster. So wirkt Glukose, wie schon betont, vorne im Mund auch leicht kühlend, Fruktose zeigt das Mundgefühl eher hinten im Mund.

Die Polysaccharide oder Mehrfachzucker sind nicht wasserlöslich; zudem sind sie geschmacksneutral. Ihre Wirkung auf das Mundgefühl ist enorm und verändert die anderen Teile der Speise im Mund. Werden Kohlenhydrate in Form von Mehrfachzuckern bzw. Stärke (z. B. Brot, Reis, Nudeln) lange gekaut, werden sie durch Enzyme (Amylasen oder Glykosidasen – hier vor allem das Ptyalin) wieder in Einfachzucker aufgespalten. Bei langem Kauen von Kohlenhydraten ist also Folgendes vorprogrammiert:

→ süßer Geschmack (Sensorik von Süße beachten!)

→ Die Oberfläche im Mund wird vergrößert; damit kommt es zur verstärkten Aromaflüchtigkeit und somit zu mehr „Geschmack".

Dessen sollte man sich bewusst sein, wenn man Kohlenhydrate in Form von Brot o. Ä. zur Weinprobe gibt. Denn es lässt den Wein süßer erscheinen, und durch die erhöhte Oberfläche im Mund wirken die Inhaltsstoffe des Weins stark verändert, sie werden gewissermaßen kaschiert: Alles wirkt weniger different und wird als „harmonischer" beurteilt. Dichte und volumenreiche Weine werden mit Brot als noch intensiver, wenn auch weniger differenziert wahrgenommen, leichte Weine gehen unter, weil durch die Vergrößerung der Oberfläche durch das Brot, die Inhaltsstoffe des Weines teils unter die Wahrnehmungsschwelle sinkt. Weil das Brot in der Regel gut zum Wein schmeckt, wird dieser weniger gut wahrgenommen, was seine Beurteilung erschwert.

Mit Neutralisation, wie immer behauptet, hat das Brot zum Wein nichts zu tun!

Verminderung von Adstringenz durch Kohlenhydrate:

⇒ Durch die Oberflächenvergrößerung kann die gleiche Menge an **Gerbstoff** weniger aktiv sein.

⇒ Vorhandene Proteine im Brot reagieren mit **Tanninen** im Mund.

⇒ Salz im Brot puffert die Säure im Wein.

Salze/Mineralstoffe

Das Koch- bzw. Speisesalz (= Berg-/Steinsalz) in Lebensmitteln besteht zu nahezu 100 Prozent aus Natriumchlorid (NaCl). NaCl ist das einzige Molekül, das einen rein salzigen Geschmack besitzt. Meersalz (Fleur de Sel) besteht nur zu ca. 97 Prozent aus NaCl und zu 3 Prozent aus anderen Mineralstoffen (Kalium, Magnesium, Calcium u. a.); es puffert Säuren deutlich besser als Bergsalz/Speisesalz und schmeckt weniger salzig, wirkt feiner und gibt ein dichteres Mundgefühl.

Im Wein werden die vorhandenen Mineralsalze (oder Extrakt bzw. die mineralische Komponente des zuckerfreien Extrakts)

Kochsalz (100 Prozent NaCl) ist der einzige Mineralstoff, der einen rein salzigen Geschmack besitzt. Alle anderen Salze haben zusätzliche Wirkungsweisen.

Meersalz (ca. 97 Prozent NaCl) puffert deutlich besser als Kochsalz; es hat zusätzliche Mineralstoffe (z. B. Kalium, Magnesium), schmeckt weniger salzig, wirkt feiner und dichter.

Salz **verstärkt den Geschmackseindruck**. Die Leitfähigkeit im Mund wird erhöht (erhöhte Reizweiterleitung).

als Mineralstoffe bezeichnet. Es handelt sich um gelöste Mineralstoffe (Salze), und sie sind der einzige mineralische (anorganische) Bestandteil im Wein. Sie werden durch Stoffwechsel aus dem Boden in die Traube aufgenommen. Mineralstoffe entfalten ihre Wirkung als positiv oder negativ geladene Ionen in Form von haptischer Irritation im mittleren Nasenbereich (leichtes Kribbeln) und im Mund (als seidiges, leicht stumpf machendes Gefühl an den Zähnen). Sie sind weder riech- noch schmeckbar. Die Vollmundigkeit und Dichte eines Weins werden durch die haptische Wirkung der Mineralien im Wein verstärkt – vor allem in Verbindung mit **Säure**.

Säuren „verbinden" sich mit Mineralien/Salzen (v. a. Kalium) und werden sensorisch gepuffert. Weine mit viel Extrakt wirken trotz hohem **Alkohol**gehalt nicht brandig und bei hohen Säurewerten weniger sauer. Man spricht vom Tequila-Effekt (siehe S. 109). Getestet wurde dieser Effekt anhand von ca. 2000 Weinen im Rahmen der Weinprämierung „internationaler bioweinpreis" der WINE-System AG.

- Salzigkeit wird sensorisch gepuffert durch **Säure** (Tequila-Effekt); gleichzeitig kommt es zu einem dichten Mundgefühl, einem hohem Aktionspotenzial und Reizweiterleitung. Diese Wechselwirkung wird auch oft als harmonisch bezeichnet.
- Salz verstärkt den Geschmackseindruck durch erhöhte Reizweiterleitungen. Die Leitfähigkeit im Mund wird erhöht, effektiv fließt elektrische Energie („es gehen mehr Lampen an").
- Einige (wenige) Salze können bitter schmecken, z. B. mit Bleiverbindungen oder generell Schwermetallen durch den erhöhten Ionisationseffekt.
- Salz wirkt wasseranziehend (hygroskopisch) und durch diesen Trocknungseffekt konservierend auf **Eiweiß**.
- Bemerkenswert ist auch die Kombination aus Salz und **Zucker** (Saccharose). In der wenig schmeckbaren Dosierung mögen viele Menschen diese Kombination. Ein Grund für die kleine Prise Zucker am Braten oder die Prise Salz im Kuchen. Erhöht man jedoch die jeweilige Konzentration, wird diese Kombination schnell abgelehnt. Daher: Bitte nicht eine versalzene Soße mit Zucker retten!

Gerbstoffe (Phenole)

Es liegt in der Wesensart reifer Gerbstoffe (Flavonoide), **Eiweiße** zu denaturieren. Sie brechen den Eiweißanteil in unserem Mundspeichel auf, und es kommt so zur Irritation an der Mundschleimhaut, die als Adstringenz bezeichnet wird: Die Mundschleimhaut zieht sich zusammen, sodass sich die Oberfläche verkleinert, und es fühlt sich an, als würde der Mund austrocknen, je nach Kondensation der Phenole (je polymerer, desto wasserlöslicher; je wasserlöslicher, desto direkter die sensorische Wirkung). Die Adstringenz wird gemindert, indem erneut Eiweiße (z. B. aus dem Mundspeichel oder

Gibt es „runde Tannine“?

Durch Sauerstoffkontakt werden Gerbstoffe **nicht** weicher/„runder“!
Durch Sauerstoffkontakt werden sie zunehmend **adstringierend.**
Die adstringierende Wirkung der Gerbstoffe nimmt lediglich ab, wenn sie sich mit **Anthocyanen** (Farbstoff) verbinden. Dies geschieht allerdings nur unter folgenden Bedingungen:

- Gerbstoffe müssen flavonoid sein (sonst keine Polymerisierung).
- **Sauerstoff**einfluss
- Farbstoffe sind noch nicht oxidiert – also nicht braun gefärbt.
- Die Reaktion der Gerbstoffe mit Sauerstoff wurde nicht durch hohe **Schwefel**gabe gehemmt.

→ **Dekantieren** macht also nur Sinn bei Rotweinen mit ausreichender und frischer Farbe mit geringer Schwefelgabe.

Unreife Phenole	Reife Phenole
keine Adstringenz keine Denaturierung von Eiweiß keine Reaktion mit Sauerstoff → keine Polymerisierung → keine Peptidbildung	Adstringenz Eiweißdenaturierung Peptidbildung (spezifisches Aroma: Käse, Fleisch)

der Speise) zur Verfügung gestellt werden und somit ein „phenolisches Mundgefühl“ (eine Abschwächung der Adstringenz) erhalten bleibt. Nicht flavonoide Phenole aus unreifen Trauben reagieren nicht mit Eiweißen; sie sind auch nicht adstringent.

Hydrolysierte Phenole aus den Stängeln und grünen Anteilen der Beere zeigen eine eher harte Haptik und sind tendenziell etwas bitter. Kondensierte Phenole wirken weicher und runder; sie stammen aus reifen, braunen Kernen und Beerenhäuten.

Doch Phenole wirken nicht nur auf die Haptik, sondern als aromatische Verbindungen auch auf den Aromenkomplex einer Wein-Speisen-Kombination. Denn Phenole sind leichte Säuren und verestern im sauren Bereich zu neuen riechbaren, flüchtigen Verbindungen, die einer Speise und einem Wein eine weitere dynamische Komponente verleihen. Mit einem Spritzer **Zitronensaft** wird nicht nur Salz gepuffert (siehe Tequila-Effekt, S. 109) und ein intensives Mundgefühl impliziert, sondern auch der pH-Wert einer Speise verändert und weitere aromatische Komponenten. Auch hier spielt die Reduktion oder die Oxidation dieser Weine eine große Rolle in ihrem Reaktionsverhalten. Weißweine mit Maischestandzeiten aus phenolisch reifen Trauben sind geprägt von kondensierten Phenolen, die aus den Kernen und den Beerenhäuten in den Most gelöst wurden. Diese Weine „schmecken“ wesentlich aromatischer, griffiger und volumenreicher. Zusätzlich wurden hier Mineralstoffe besser gelöst, was sensorisch zu einer (Ionenbindung und damit) Säurepufferung führt.

Proteine (Eiweiß)

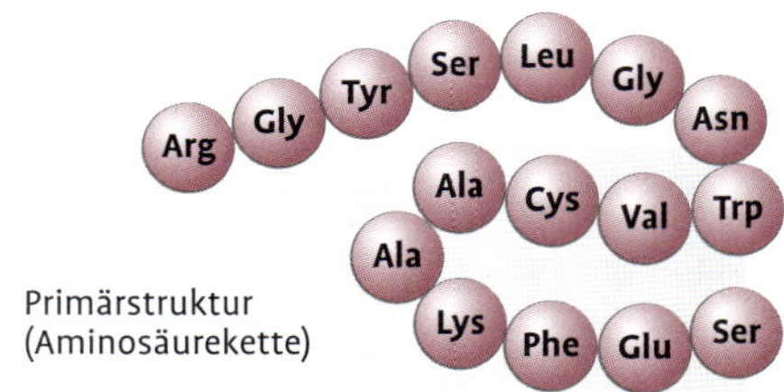

Primärstruktur (Aminosäurekette)

- Proteine sind die Grundbausteine jeder Zelle.
- Proteine bestehen aus vielen aneinandergereihten Aminosäuren, die durch Peptidbindungen stabil sind. Die wirksamen Enzyme, die die Proteine aufspalten, werden Peptidasen genannt.
- Die Energiedichte ist ähnlich der des Zuckers.
- Zum Verzehr sind Eiweiße in der Regel besser geeignet, wenn sie denaturiert sind.
- Nicht denaturierte Eiweiße, wie z. B. in Sushi, fast rohem Rindfleisch, Frischkäse oder Sahnesoßen, erfordern ein sehr vorsichtiges Vorgehen beim Kombinieren mit Wein (v. a. **Säure** und **Gerbstoffe**). Dies soll nicht heißen, dass nicht auch denaturierte Eiweiße kulinarisch von Bedeutung sind.

Die sensorischen Entwicklungsstufen des Proteins:

1. **Roh**: Eiweiß besteht immer aus Aminosäuren + H_2O.
2. **Koagulieren**: H_2O wird vom Eiweiß abgespalten. Er kommt zur Gerinnung oder Flockung. Reines Eiweiß bleibt übrig. Dies geschieht etwa bei folgenden Kombinationen:
   - gerbstoffreicher Wein und Mundspeichel
   - Auster und Zitrone
   - stehengelassene Milch durch Säuern durch Milchsäurebakterien → Sauermilch → Käsebruch bei der Käsebereitung
3. **Denaturieren**: Aufspalten der Aminosäureketten durch
   - Dry Aging (Enzyme wirken durch enzymatische Oxidation = Effekt des „Abhängens"),

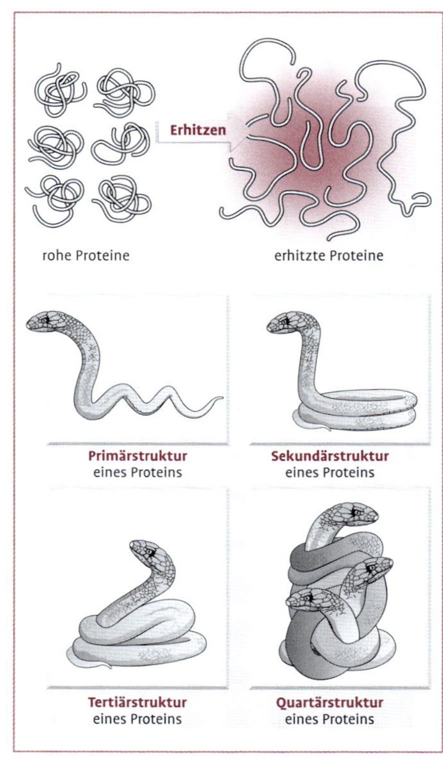

Abb. 16 Die Denaturierung von Proteinen: Aufspalten der Aminosäureketten in verschiedene Strukturen.

   - Temperatur (beim Fisch ab 0 °C, beim Rindfleisch ab 65 °C; beim Menschen ab 43 °C, also hohem Fieber),
   - **Gerbstoffe**,
   - **Säure** (beim Marinieren),
   - **Salz** (beim Pökeln: Wasserentzug → Konservierung) oder
   - **Zucker** und **Salz** (beim Beizen: die Konservierung entsteht durch erhöhten osmotischen Druck in der Zelle [durch den Zucker] und gleichzeitig hygroskopische Wirkung des Salzes [Wasserentzug]; Beizen ist somit ein doppeltes Konzentrationsverfahren).

Glutaminsäure: Umami und Kokumi

Umami wird als fleischig oder mit einem dichten oder auch tendenziell weichen Gefühl empfunden. Der hauptsächliche Träger des Umami ist die freie, aus langkettigen Proteinen herausgelöste Aminosäure Glutaminsäure. Sie kommt in allen eiweißhaltigen Lebensmitteln vor. Ihre Salze werden als Glutamate bezeichnet. Sie werden synthetisch unserem Essen zugegeben oder entstehen durch Eiweißdenaturierung (beim Kauen, Abhängen, Trocknen, Garen oder Marinieren von Fleisch, beim Fermentieren, etc.). Besonders reichlich sind Glutamate in vollreifen Tomaten, denaturiertem Fleisch, Shiitakepilzen, gereiftem Käse, Würzmitteln (z. B. Sojasoße, Brühe, Fond, Fleischextrakt, Hefeextrakt, Maggi-Würze) sowie in der menschlichen Muttermilch vorhanden. Sie wirken als Neurotransmitter in der neuronalen Reizweiterleitung.

Umami

- Umami bedeutet auf Japanisch „köstlich".
- Hauptsächlicher Träger des Umamigeschmacks ist die freie, aus Proteinen herausgelöste Aminosäure Glutaminsäure. Sie wird weltweit als Geschmacksverstärker eingesetzt.
- Glutamat ist das Salz der Glutaminsäure.
- Wahrnehmung als:„fleischig, würzig, dicht, herzhaft
- Glutaminsäure kommt in allen proteinhaltigen Lebensmitteln vor (Beispiele: vollreife Tomaten, denaturiertes Fleisch, Shiitake, gereifter Käse, Sojasoße, Fonds, Muttermilch). Die Freisetzung der Glutamate wird durch Denaturierung (Abhängen, Reifen, Garen, Trocknen, Beizen, Fermentieren, Kauen) verstärkt.

Beim Zerfall (Denaturierung) der Aminosäureketten bilden sich freie Peptide. Sie sind aromatisch aktiv und gehen neue Verbindungen mit dem bereits vorhandenen Glutamat ein. So entsteht Kokumi. Kokumi ist quasi eine Fortführung des Umami, die Dichte des Umami. Es wird gerne auch als Stoffigkeit, Volumendichte oder Kompaktheit beschrieben. Dieser Effekt ist dynamisch, das heißt, langes Einwirken aminosäurehaltiger Speisen in Kombination mit **Alkoholen**, **Gerbstoffen** und **Säuren** verstärken ihn. Kokumi hat allein keine Wirkung, sondern es verstärkt und moduliert als „Meta-Tool" in der Verbindung Glutamat und Peptid sowohl Aroma sowie Dichte und Länge des Mundgefühls als auch die Grundgeschmacksarten.

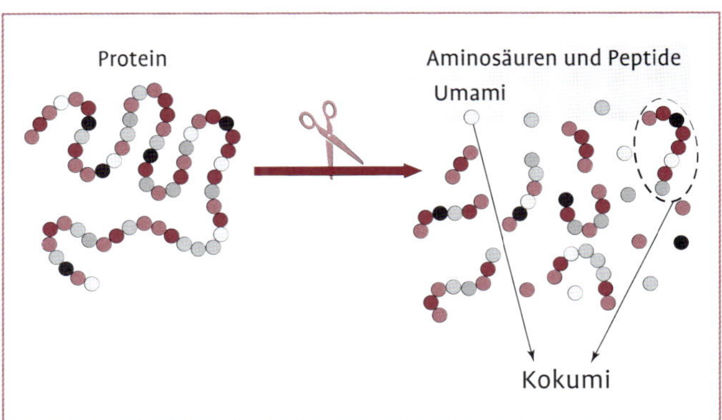

Abb. 17 Die Entstehung von Umami und Kokumi.

Eiweiße und Fette werden durch Enzyme im Mundspeichel bzw. durch die Einwirkung von Säure oder Gerbstoffen aufgebrochen, und es kommt zu den meist als angenehm, wohlig und harmonisch beurteilten Empfindungen Umami und Kokumi. Sie laufen dynamisch ab. Das heißt, beim langsamen Essen (Slow Food) gibt es deutliche Veränderungen.

Im Wein enthaltene Eiweiße bereiten dem Winzer durch die Neigung, bei höheren Temperaturen auszufallen, Probleme, was die Klarheit oder Brillanz des Weins anbelangt. Sie müssen geschönt werden, das heißt, Eiweiße werden z. B. mit Bentonit oder Phenolzusatz gefällt. Eiweiße werden entweder aus dem Stickstoff im Boden bzw. der Pflanze gebildet oder aus dem Hefelager in den Most übertragen. Gerade bei der Ausbauform des „sur lie" (langes Hefelager) werden besonders kolloidale Formen in den Wein gelöst, die deutlich auf das Mundgefühl wirken, den Wein weicher und gehaltvoller erscheinen lassen. Solche Weine sind, wenn sie unfiltriert oder nur grobfiltriert auf den Markt kommen, dafür prädestiniert, besonders **phenolische Komponenten**, z. B. in Gemüse, zu begleiten, um dann Umami und Kokumi auszubilden.

Die Entstehung von Umami und Kokumi

Zuerst liegen Eiweißketten vor, zusammenhängende Aminosäuren:

Eine (nichtessenzielle) Aminosäure ist Glutaminsäure (**Umami**).
Während der **Oxidation** werden Enzyme aktiviert, die diese Eiweiße aufspalten. Alternativ können die Eiweiße auch thermisch oder durch Säuren, Phenole oder Salze aufgespalten werden (z. B. durch Marinieren, Erhitzen, Zitronensaft auf Austern, gerbstoffreichen Wein zum Steak ...).

Folge der Aufspaltung: **Aminosäuren** werden frei.

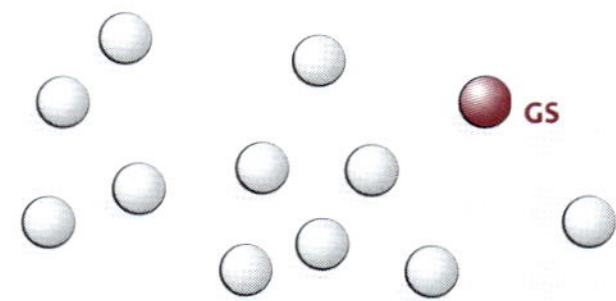

Wenn sich 100 Aminosäuren neu verbunden haben, entstehen **Peptide**. Diese tragen als riechbares Aroma zur Komplexität bei, verstärken das Mundgefühl deutlich und fungieren als Botenstoffe in der Reizweiterleitung, sind also bedeutsam in der sensorischen Wirkung. In der Biologie sind sie aktiv als Steuerhormone.

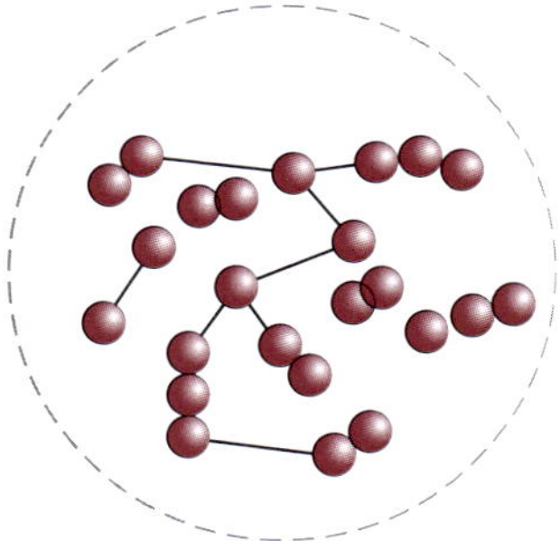

Sobald sich ein Peptid mit der Glutaminsäure neu verbindet, entsteht das **Kokumi**.

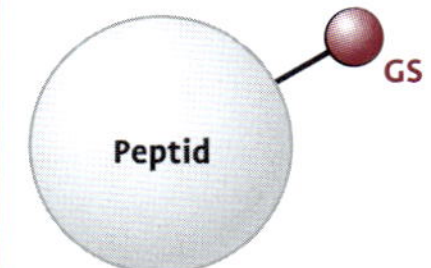

Schärfe

Der Scharfstoff von Chili, Capsaicin, aktiviert Hitzerezeptoren. Er hebt die Sensibili-

Die Wahrnehmung von Schärfe

Capsaicin (Chili)	Piperin (Pfeffer)	ätherische Öle (Ingwer, Meerrettich, Minze, Senf, Kresse)
nicht wasserlöslich; fettlöslich	nicht wasserlöslich; fettlöslich	nicht wasserlöslich; fettlöslich
kein Aroma	Aroma	Aroma

tät im Mund, reduziert jedoch die Empfindungsfähigkeit für süß. Capsaicin hat kein Aroma. Und es ist nicht wasserlöslich. Die Schärfe von Chili kann daher nicht mit Wasser neutralisiert werden. Sie gilt als **fettlöslich**. In der Praxis hat sich jedoch Butter als schlechtes Mittel erwiesen. Milch und Joghurt hingegen – mit deutlich geringeren Fettgehalten als Butter – sind geeignet, die Schärfe zu reduzieren, vermutlich durch das **Milcheiweiß** Casein. Auch eine **Zuckerlösung** ist wirksam.

Der Scharfstoff von Pfeffer, Piperin, ist ebenfalls kaum wasserlöslich. Piperin ist allerdings aromaintensiv und signaltransduktiv (Niesen).

Die Schärfe von Meerrettich, Ingwer, Senf oder Kresse wird durch ätherische Öle ausgelöst. So z. B. durch Isothiocyanate bei Meerrettich und Senfölglykoside bei Senf, Wasabi und Kresse. Die ätherischen Öle von Minze oder Eukalyptus wiederum wirken kühlend.

Wein enthält kein Fett, das nötig ist, um Schärfevarianten, egal welcher Herkunft, zu minimieren; durch seinen Alkohol, seine Süße, den Extrakt … ruft er spezifische Reaktionsmuster für die jeweilige Schärfeart hervor: **Alkohol** verstärkt die Empfindung von Schärfe aufgrund der haptischen Wirkung (Trigeminus) deutlich. Gleiches gilt auch für **ätherische Öle**. **Süße** und **denaturierte Eiweiße** (Umami) überlagern, wie schon angedeutet, die quantitative Wirkung scharfer Elemente im Essen. Eine erfolgreiche Kombination von Schärfe und Wein wird durch den Schärfegrad und das Vorhandensein von Alkohol und Süße signifikant gesteuert.

Knackig reduktive Weine bekommen bei Minze und Ingwer einen zusätzlichen Kick – vorausgesetzt, alle haptischen Vorbedingungen der Volumenzunahme und Dichte sind erfüllt (Tequila-Effekt, S. 109). Daher passt Minze gut zu Chenin Blanc, Sauvignon Blanc, Cabernet Blanc, Cortese oder auch Verdicchio (harmonisch parallel), da dieser Frischeeffekt aromatischer Natur ist und nicht aus Säurewirkung entsteht. Auch hier wird vorausgesetzt, dass die Trauben reif waren (flavonoid).

Sensorische Effekte durch Kombinationen

Bitterkeit

Die Adstringenz (Haptik) wird oft verwechselt mit bitterem Schmecken. Bitterkeit wird lediglich von 3–5 Prozent der Konsumenten bevorzugt. Hingegen ist das phenolische Mundgefühl dem Konsumenten sehr zugänglich, vor allem in der Verbindung mit einer leichten Restsüße (Überlagerung) und in Verbindung mit Eiweißen.

Bitteres Schmecken – sei es vom Wein oder von der Speise – lässt sich mit wenigen Gramm **Zucker** puffern. Leider ist die Wirksamkeit dieser Pufferung aber nicht von langer Dauer (schnelle Adaptation [Rezeptor mit G-Protein]; man muss mit immer neuen Süßanteilen nacharbeiten).

- Bitterkeit und **Süße** → Pufferung
- Bitterkeit und **Salz** → Salz erhöht die Bitterkeit, weil dadurch die Leitfähigkeit zunimmt und die Wahrnehmungsschwelle schneller überschritten wird.

Bitterer Geschmack wird in manchen Lebens- und Genussmitteln, z. B. Kaffee oder Bier, erwartet und als angenehm betrachtet. Sehr starke Bitterkeit dient jedoch als Warnsignal vor eventuellen Vergiftungen und löst Ablehnung aus.

Verwechseln Sie NICHT die Mundwirkung von **bitter** (= gustatorischer Reiz) und **Adstringenz** (= haptischer Reiz)!

Lediglich 3 Prozent von 300 Phenolen weisen einen bitteren Geschmack auf. Auch einige Pyrazine schmecken bitter.
Bitterkeit im Wein resultiert in der Regel aus zu hoher Extraktion (Maischestandzeiten) mit anschließend zu hohem Druck beim Abpressen der Maische. → Druck reduzieren → Fraktionspressung.

Der Maillard-Effekt

Ab ca. 120–145 °C verbacken **Kohlenhydrate** (funktioniert mit vielen unterschiedlichen Zuckern) und **Eiweiße** miteinander. Dabei entstehen farbige Verbindungen (Melanoide), die für eine dunkle Verfärbung (etwa der Fleisch- oder Brotoberfläche) verantwortlich sind, sowie viele unterschiedliche Aromen. Man spricht bei diesem Vorgang vom Maillard-Effekt. Je nach pH-Wert können diese farblichen Reaktionen auch schon früher eintreten, wie z. B. bei Laugengebäck.

Es handelt sich um eine wasserfreie Reaktion. Der Maillard-Effekt beginnt also rein theoretisch, sobald das Wasser aus der Eiweiß-Zucker-Reaktion verschwunden ist.

Die Karamellisierung hingegen beginnt erst bei höheren Temperaturen (ca. 150 °C): Hier handelt es sich nur um einen Zuckerzerfall.

Ab 180 °C verbrennen die Kohlenstoffe (Pyrolyse). Bei Kartoffeln, Getreideprodukten, Brot, Gebäck, aber auch stärkehaltigem Gemüse wie Bohnen kann ab einer Temperatur von 170–190 °C aus den enthaltenen Stoffen Asparagin und Glutamin Acrylamid entstehen, das unter dem Verdacht steht, Krebs zu erzeugen. Beim Grillen z. B. sollte daher nie Fleischsaft auf die Glut fallen, da bei diesen Temperaturen sofort alles verbrennt. Im Rauch sind dann diese amiden Stoffe vorhanden und lagern sich an dem darüberliegenden Grillgut ab. Das Ablöschen des Grillguts mit Bier zeigt dann deutliche Effekte, wenn es sich z. B. um unfiltriertes Malzbier handelt, in dem Eiweiße und Zucker reichlich vorhanden sind.
Mit Wein, vorausgesetzt, er ist unfiltriert (mit Eiweißen) und hat Restsüße (meist Fruktose), funktioniert dies auch, aber aufgrund der Säure viel schlechter, da der pH-Wert deutlich niedriger ist als bei Bier (zudem wäre es doch schade um den guten Rotwein!). Bei unfiltrierten Süßweinen aus südlichen Gefilden mit wenig Säure, wie Madeira, Vin Doux Naturel oder Port, sähe das aufgrund der Zuckerkonzentration schon wieder anders aus. Doch diese gibt es leider nicht wirklich auf dem Markt; zudem wären sie wahrscheinlich ziemlich teuer. Bleiben wir hier also besser beim Malzbier.

Empfehlungen in Kochbüchern wie „mit Bier oder Rotwein ablöschen" können vollkommen unterschiedliche Reaktionen in der Speise bedeuten und sollten unbedingt vorher genau unter die Lupe genommen werden. Jedes noch so kleine Detail ist bei unterschiedlichen Garmethoden, Kocharten und auch den vorbereitenden Maßnahmen wie Beizen, Marinieren oder Pökeln von Bedeutung.

Das genaue Resultat einer Maillard-Reaktion ist abhängig von Temperatur, Garzeit, Wassergehalt, pH-Wert sowie Art und Menge der beteiligten Aminosäuren und Zucker. Maillard-Reaktion und Karamellisierung können im Grenztemperaturbereich (wie gesagt pH-Wert-abhängig) gemeinsam ablaufen. Das Auge erkennt hier leider keinen Unterschied. Beide Reaktionen ergeben eine mehr oder weniger braune Farbe. Harold McGee und Ryszard Amarowicz schreiben den auf diese Weise bräunlich gefärbten Lebensmitteln wegen ihres hohen Polymerisationsgrades sogar antioxidative Effekte zu.[13]

Wichtig ist, dass es sich beim Aroma, das bei der Maillard-Reaktion entsteht, **nicht** um Röstaroma handelt! Es sind (fast) immer Aromagemische (aus mehreren Tausend Aromen) unterschiedlichster „röstaromatischer Ausprägung“, meist Heteroaromate mit einem Fünfer- oder Sechser-Atomring wie Benzol, Nikotin oder Coffein. Benannt werden auch z. B. Pyridine und Pyranon in Verbindung mit Flavonoiden, Tabak, Teer, Eibisch oder schwarzer Tollkirsche, Soja, Tofu. Oxazolin z. B. erinnert an gekochtes Rindfleisch.

Beim Anbraten von Zwiebeln z. B. können die maillardisierten Aromastoffe sehr unterschiedlich ausfallen, je nach Reife der Zwiebel (Zuckereintrag) sowie der Stickstoffverfügbarkeit bei ihrem Wachstum, der Ausbildung von Eiweißen als Zellbausteine, Phenolen und eiweißgebundenen (Stichstoffverfügbarkeit) aromatischen Vorstufen, und bei roten Zwiebeln ohnehin deutlich anders als bei weißen. Je länger das Gemüse reifen konnte, desto ausgeprägter die aromatischen Ergebnisse.

Gleiches gilt für Brot! Je ausgereifter die Mehle und je enzymaktiver die Eiweiße darin aufgebrochen sind (das frisch gemahlene Mehl bekommt eine „Mehlruhe“), desto aromatischer das gebackene Brot.

Für die aromatische Prägung von Schokolade, Popcorn, Bier und Kaffee gilt dann logischerweise, bedingt durch ihre Grundstoffe und Verarbeitung, Ähnliches. Da dort fast alle Aromen in oder während der Verarbeitung oder Reifung entstehen, handelt es sich um Sekundäraromen. Bei Kaffee sind es ob der hohen Temperatur auch wirkliche Röstaromen durch mehr oder weniger Verbrennungseffekte. Schonend gerösteter Kaffee ist sicher mehr vom Maillard-Effekt geprägt als kurz und stark gebrannte Kaffeebohnen. Ab 200 °C karamellisiert der Zucker in der Bohne.

Je höher die Peptidbildung z. B. bei Fleisch oder Soja vorher war (z. B. durch Niedertemperaturgaren oder Abhängen [beim Fleisch]), desto größer die aromatische Ausbeute. Auch das Hautgout beim Wild, das entsteht, wenn beim Abhängen Glukose und Glykogen in Milchsäure umgewandelt werden, ist sicherlich mit für die Reaktion mit Peptiden beim Garen und Braten und die sich so ergebende intensive Aromatisierung verantwortlich.

Thermisch garen

Damit die Maillard-Aromen nicht schon in der Küche verloren gehen, sondern beim Gast ankommen, der dafür bezahlt hat, sollte man das Fleisch zuerst schonend fertiggaren – ohne Flüssigkeitsverlust bei unter 100 °C – und erst dann anbraten. Dabei ist es vollkommen egal, ob mit Holzkohle, Gas, Elektro, Induktion, Heißluft oder anderen Hitzequellen gegart wird: Das Röstaroma des Fleischs kommt nicht von der Hitzequelle, sondern von der temperaturabhängigen Maillard-Reaktion. Diese Maillardnoten entstehen ebenso beim Gratinieren, z. B. von Austern, oder Flambieren, etwa bei der Crème Brûlée oder beim marinierten Gemüse oder Fisch. Ob Maillard als Würzung gilt, darf trennscharf diskutiert werden.

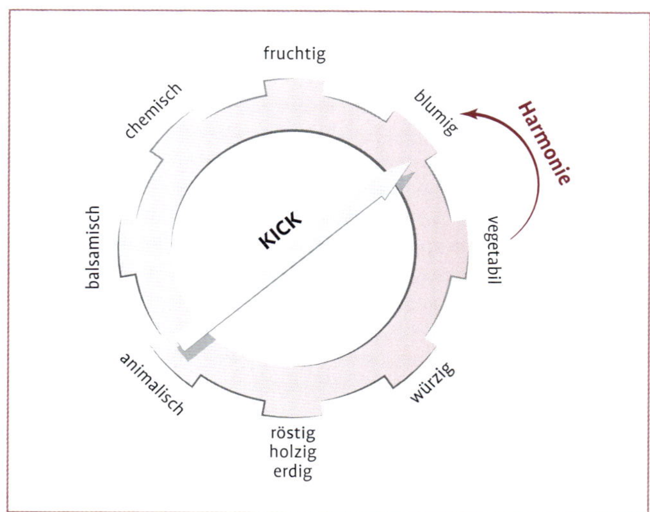

Abb. 18 Aromakreis: Kick-Effekt vs. Harmonie.

Wenn Weine Aromen von Kaffee, geröstetem Brot, Schokolade oder Haselnüssen zeigen, handelt es sich einerseits um polymere Flavonoide, aber mit Sicherheit auch um Kombinationen, die durch den Maillard-Effekt entstanden sind.

Der Maillard-Effekt ist noch nicht abschließend untersucht (z. B. gas-chromatografische Differenzialanalytik oder Analysen über Headspacetechnik [Abdampfungsanalyse]) und beschrieben. Er läuft sogar in unserem Stoffwechsel ab.

Aromen

Je näher die Aromagruppen (siehe Abbildung oben) bei einer Speise-Wein-Kombination beieinanderliegen, als desto unspektakulärer oder harmonischer wird die Kombination empfunden. Je weiter sie auseinanderliegen, als desto herausfordernder und spannungsgeladener („Kick-Variante").

Wichtig ist vor allem, dass einzelne Aromagruppen durch verschiedene Garmethoden verstärkt oder aber minimiert werden können. Die Aromen des Maillard-Effekts (Reaktion aus Proteinen und Kohlenhydraten) stellen sich beim Anbraten von Fleisch garantiert ab ca. 145 °C ein. Solche Sekundäraromabildungen müssen im Vorfeld bei der Planung einer Kombination der Aromen von Speisen und Wein mit bedacht werden.

Eine typische Fleischaromatik entsteht bereits im Vorfeld: bei der Fleischreifung, dem „Abhängen", wenn durch Abbau der Proteine die Enzymaktivität im Fleisch angeregt wird. Wer das zubereitete Fleisch dann kostet, wird es klar Rind, Schaf, Ziege, Schwein, etc. zuordnen können, da die Peptidbildung (Aroma) von der spezifischen Proteinzusammensetzung abhängt. Nicht abgehangenes Fleisch hingegen lässt sich bei gleichen Gartemperaturen selbst durch Fachleute nur schwer an Geruch und Geschmack erkennen (nur am Aussehen).

Säure im Wein und Säure im Essen

Bei der Essenszubereitung kommen z. B. Essig oder Zitrone und anderes sauer schmeckendes Obst aus sauren Komponenten zum Einsatz. Bei der Kombination von Wein und Speise achten Sie bitte auf den gesamten Säurewert, der durch den Wein und die Speise in den Mund gelangt: Haben Sie ihn als Säurekonstante im Blick. Die oft gelesene Aussage „Säure und Säure addieren sich", werden also saurer, ist sensorisch so nicht korrekt.

- Bringen Sie in einer Kombination zwei gleich saure Säuren zusammen, z. B. **Zitronensäure** in der Salatsoße und **Apfelsäure** im Sauvignon Blanc, wird die Säure nicht intensiver.
- Bringen Sie zwei unterschiedlich stark sauer schmeckende Säuren zusammen, z. B. **Essigsäure** im Dressing und **Weinsäure** im Riesling, wird es sogar zu einer sensorischen Angleichung – quasi zu einer Verdünnung und zu einer pH-Wert-Anhebung – kommen. Das liegt daran, dass unterschiedliche Säuren in wässriger Lösung unterschiedlich dissoziieren.

Die Säure kann also verstärkt oder aber gepuffert werden. Säure kann mit ihrem Reaktionsmuster exakt zur Säurewirkung (monoreaktiv), zur Denaturierung von Eiweiß (Umami-/Kokumibildung) oder als Reaktionspartnerin zum Salz eingesetzt werden.

Der Tequila-Effekt

Wenn Salz und Säure im Mund zusammenkommen, würde man vermuten, dass das Salz weiterhin salzig und die Säure weiterhin sauer schmeckt. Tatsächlich kommt es aber zu einem sensorischen Kompensationseffekt, wie beim Genuss von Tequila, bei dem vorher Salz und Zitrone geleckt werden: Der Tequila wirkt durch die sensorische Pufferung nicht brandig.

Im Detail funktioniert dies so:

Säure und Salz werden vom selben Rezeptor erkannt. Treffen nun beide gleichzeitig auf den Rezeptor, kommt es nicht mehr zur spezifischen Reizweiterleitung, sondern stattdessen im Mund zu einer vermeintlichen, aber geschmacklich tatsächlichen Neutralisation (Depolarisierungseffekt; genauer: intrinsische Repolarisierung des Rezeptors), sodass Salz nicht mehr salzig und Säure nicht mehr sauer schmeckt.

Übertragen auf den Wein heißt das, dass ein Wein mit viel Säure und gleichzeitig viel Extrakt deutlich weniger sauer schmeckt als ein Wein mit dem gleichen Säurewert, aber weniger Extrakt. Je mehr Mineralstoffe in der Beere und schließlich im Wein sind, desto mehr sensorische Pufferungen ergeben sich gegenüber der Säure. (Anmerkung, um die genaue und trennscharfe Argumentation zu wahren: Mit Extrakt sind die mineralischen Komponenten und nicht die

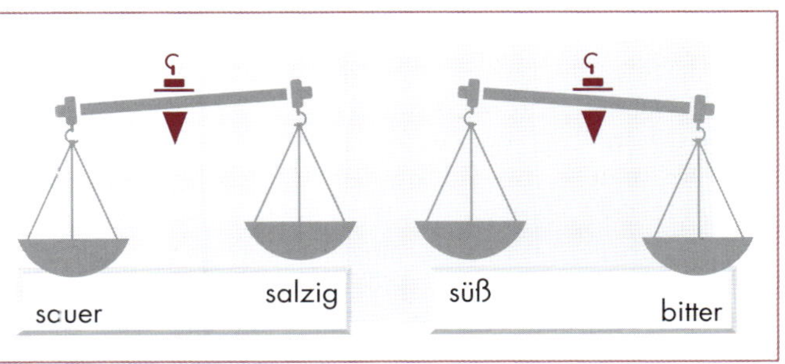

Abb. 19 Sensorische Pufferungen.

phenolischen und der Teil der organischen Säuren gemeint.)

Den gleichen Effekt gibt es auch bei Speisen: Sollte die Salatsoße z. B. versalzen sein, puffert man sie mit Säure (am besten mit Zitronensaft). Ist sie zu sauer geraten, puffert man sie mit Salz. Vorzugsweise nimmt man Meersalz (z. B. Fleur de Sel) anstatt normalem Steinsalz/Bergsalz. Mit einem höheren Kaliumgehalt im Salz ist der Harmonisierungseffekt noch ausgeprägter. Mit Zugabe von Salzen bzw. Säuren zur Speise kann jedwede Speise so bearbeitet werden, dass sie harmonisch zum Wein passt.

Man sollte nicht zu vorsichtig sein und ruhig deutliche Mengen an Salz oder Säure nehmen, denn desto deutlicher setzen die sensorisch puffernde Wirkung sowie das haptische Ereignis der sauberen Zähne und das dichte, kompakte, trigeminale Mundgefühl ein. Die sensorische Wirkung, wenn Säure und Salz gleichzeitig auf den Rezeptor treffen, ist sehr effektvoll, da viele Fasern des Trigeminus aktiv sind und eine Unmenge an Reizen an das Hirn weiterleiten. So lässt sich mit Säure und Salz in der Wein-Speisen-Kombination eine deutliche Intensivierung des trigeminalen Mundgefühls erzielen.

Mineralität im Essen (oder Wein) puffert die Brandigkeit des Alkohols. So kann ein Wein mit 12 Vol.-% Alkohol brandiger erscheinen als ein Wein mit hoher Mineralität und 15 Vol.-%. Ein salziges Essen wirkt hier Wunder.

Der Tequilla-Effekt ist eine der wichtigsten Entdeckungen der Kulinaristik, denn das entstehende intensive Mundgefühl ist eine wunderbare Basis für Kreativität im Umgang mit Speisen und Wein:

1. **Sauer** und **salzig** puffern/neutralisieren sich gegenseitig.
2. Die Perzeption des mineralischen Mundgefühls wird angehoben.
3. Die Brandigkeit des **Alkohols** wird überlagert.

Mineralstoffe im Wein und Säure im Essen

Je mehr Salze im Wein gelöst sind, desto größer wird auch das Pufferungspotenzial eines Weins zur Säure (im Wein selbst oder im Essen) sein. Ein extraktreicher Wein wird daher als sehr viel harmonischer zu einem sauren Essen empfunden als ein extraktarmer Wein.

Gerbstoffe im Wein und Eiweiß im Essen

Je mehr rohes Eiweiß (egal ob tierischer oder pflanzlicher Natur) in der Speise vorhanden ist, desto mehr werden die im Wein vorhandenen Gerbstoffe die Eiweiße im Mund koagulieren und anschließend denaturieren (Gleiches gilt für die Denaturierung durch Säure). Diesen ersten Gerinnungsprozess im Mund empfinden die meisten Menschen als unangenehm. Hier ist die quantitative Verfügbarkeit der Gerbstoffe und Eiweiße einander gegenüberzustellen.

Extrem variantenreich sind die Gerbstoffe, die mit unterschiedlichen Arten von Eiweißen reagieren. Die Reaktionsmöglichkeiten sind entsprechen komplex. Mit exakter sensorischer Analyse der jeweiligen Komponenten lassen sich sehr gute bis grandiose kulinarische Ergebnisse erreichen. Erfolgt hingegen keine solche Analyse, ist die Gefahr einer kulinarischen Katastrophe immens. Ich benutze bewusst diese Ausdrücke, um die Wichtigkeit dieser Reaktionsmuster zu unterstreichen.

Zum Beispiel lässt sich mit einem Rotwein, der grüne Aromen mitbringt und somit durch nicht-flavonoide und hydrolysierte Phenole geprägt ist, niemals eine wirklich komplexe und aromatisch vielseitige Kombination zu einem Fleisch oder Fisch herstellen (die unreifen Phenole können nicht oder nur sehr bedingt mit Eiweiß reagieren).

Ebenso werden überreife, maximal polymere Gerbstoffe (kondensierte und mikrooxigenierte) in einem alkoholischen Rotwein keinen dynamischen Beitrag leisten können, wenn es darum geht, blutige Steaks zu begleiten. Der metallische Effekt des hohen Alkoholgehalts wird deutlich im Vordergrund stehen. Auch wenn diese Gerbstoffe quantitativ vorhanden sind, können sie mit den Eiweißen des Fleischs nicht mehr reagieren, da ihr Aktionspotenzial z. B. durch Mikrooxigenierung deutlich reduziert wurde. Einen solchen Rotweintyp nimmt man dann, wenn an dem Fleisch nichts mehr passieren soll. Es findet keine Reaktion statt, und so wird volle Harmonie oder Sicherheit erreicht (vielleicht aber auch Langeweile?!).

Je mehr **rohes** Eiweiß vorhanden ist, desto mehr muss auf den Gerbstoffgehalt im Wein geachtet werden. Hier sind besonders die unterschiedlich starken reaktiven Gerbstoffe von den weniger reaktiven zu unterscheiden. Nicht-flavonoide Phenole sind relativ „ungefährlich", wobei hochpolymere Phenole ohne Anthocyaneteil (Farbe) schon in geringen, sensorisch wirksamen Mengen deutlich Eiweißkoagulationen und -denaturierungen im Mund auslösen können. Die dabei freigesetzte Glutaminsäure (Umami) harmonisiert den meist als unangenehm empfundenen, leicht metallisch wirkenden Gerinnungseffekt, unterstützt durch Alkohol und Fett im Mund, es kommt zum Ausgleich, die Reaktionspotenziale auf beiden Seiten werden ausgeglichen. Das gegenseitige Ausgleichen wird dynamisch als lange anhaltender Geschmack empfunden. Sind in einem Fond z. B. bereits Umamikomponenten vorhanden, werden diese Prozesse während des Kauens deutlich als angenehmer empfunden (**Umami**vorschub und **Kokumi**). Ein leichter Pinot kann so deutlich mehr Reaktionspotenzial mitbringen als ein schwerer, reifer, dunkelfarbener Shiraz oder Cabernet Sauvignon.

Um dem Gerinnungseffekt im Mund entgegenzuwirken, kann das Eiweiß in der Speise auch durch diverse Denaturierungsmöglichkeiten vorweggenommen werden.

Säure im Wein (oder Essen) und Eiweiß

Säuren haben ebenfalls (wie Phenole) die Eigenschaft, Eiweiß zu denaturieren. Dessen sollte man sich bewusst sein, wenn man säurehaltigen Wein kombiniert. Je weniger denaturiert das Eiweiß ist (z. B. in rohem Fleisch, rohem Fisch, Frischkäse oder Sahnesoße), desto stärker die Reaktion im Mund. Um die im Mund oft als unangenehm empfundene Gerinnungsreaktion vorwegzunehmen, gibt man z. B. Säure zum Essen. Ein bekanntes Beispiel hierfür ist der Zitronensaft, den man über eine frische Auster und Fisch gibt. Der Fisch „gart vor", und es entsteht ein Umamivorschub, der eventuell später zu intensive Reaktionen im Vorfeld abmildert.

Gefährliche/unangenehme Kombinationen

- gleichzeitig hohe Konzentrationen von Salz und Zucker – weil zwei Rezeptoren parallel maximal gereizt werden (Sättigungseffekt)
- Viel Säure trifft – ohne Pufferung durch Salz – auf rohes Eiweiß.

- rohes Eiweiß und reaktive Gerbstoffe → Koagulation oder auch Flockung
- rohes Eiweiß und viel Fett bei hohen Alkoholwerten → Vergleichbare Empfindungen kennt man bei Verabreichung von eisenhaltigen Injektionen; auf der Zunge und an den Zähnen wird ein endogen ausgelöstes, metallisches Empfinden beschrieben. Dieses tritt besonders bei salz- bzw. extraktarmen Kombinationen auf (keine Pufferung). Grund: Gesättigte Fettsäuren werden durch den Alkohol gelöst und unterstützen den Denaturierungseffekt des Alkohols. Der Glyzerinanteil des Fetts wird abgespalten. Übrig bleibt Ionenanteil. Mit dem Einsatz einer ungesättigten Fettsäure (Olivenöl) finden die freien Metallionen wieder einen Bindungspartner, und die metallische Irritation verschwindet.
- Oxalsäure (in Spinat, Artischocke oder Rhabarber) macht jeden Wein kaputt. Doch sie kann maximal überlagert werden (z. B. durch Fett).
- rohe Zwiebeln zum Wein (Schwefelverbindung)

Tomate und Wein schmecken zusammen nicht: ein Mythos?

Reife Tomaten mit Salz schmecken zum Wein sehr harmonisch: Aufgrund des hohen Umamigehalts einer reifen Tomate entsteht Kokumi.

Kick vs. Harmonie

Zu jeder Speise gibt es immer mindestens zwei mögliche „passende" Weine: die eine passt harmonisch, die andere unterstreicht die Extravaganz der Kombination und baut einen gewissen Spannungsbogen auf.

Die extravagante Kombination nenne ich die „**Kick-Variante**". Hier gilt es, möglichst differenziert zu arbeiten. Es werden bewusst gegensätzliche Reize gesetzt, z. B. durch:

- entgegengesetzte Aromagruppen,
- salzige Speisen zu sauren Weinen,
- ungesättigte Fette statt gesättigter Fette,
- phenolische Weine und rohe Eiweißanteile in der Speise.

Ich empfehle, hierzu noch einmal zurückzublättern zur Abbildung auf S. 108: Je mehr darin „eckige" Anteile in die Kombination kommen, desto mehr wird eine Kick-Variante entstehen. Je mehr in dieser Abbildung „runde" und rote Anteile, desto mehr wird die Kombination harmonisch oder tendenziell langweilig.

Die „**Harmonie-Variante**" ergibt sich z. B. durch:

- Kombination von identischen oder nebeneinander gelagerten Aromagruppen,
- Kombination von vielen Anteilen wie Alkohol, Fett und Süße bzw. Kohlenhydrate (in der Abbildung auf S. 93 rot gekennzeichnet).

Das heißt letztlich: Ein Riesling mit seinen fruchtigen Noten muss nicht zwangsläufig zu jedem Obstsalat „passen", nur weil die Aromen parallel stehen. Die vegetabilen Aromen des Cabernet Sauvignon müssen nicht direkt zum Gemüse gestellt werden, um einen passenden Effekt zu erreichen, aber sie können!

Pufferung:	Säure und Salze Bitterkeit und Süße Adstringenz und Eiweiß
Überlagerung:	Säure und Zucker Säure, Adstringenz, Bitterkeit durch Fett
Zeitliche Verschiebung:	z. B. Umamivorschub aufgrund der Reaktion von Gerbstoffen, Säuren und Alkohol auf Eiweiße

Vom Zuviel und Zuwenig

Einige Stoffgruppen wirken miteinander, andere überlagern sich, oder man hat das Gefühl, sie stehen parallel nebeneinander. So ist die Kombination aus Fruktose und Weinsäure für viele Menschen ein Süße-Säure-Spiel, hingegen wird die Kombination aus Glukose und Apfelsäure oft als süß-sauer beschrieben, als eher nebeneinanderstehend. Bemerkenswert ist auch die Kombination aus Salz und Zucker (Saccharose). In der wenig schmeckbaren Dosierung mögen viele Menschen diese Kombination: ein Grund für die kleine Prise Zucker am Braten oder die Prise Salz im Kuchen oder in Schokolade; erhöht man jedoch die Konzentration, wird diese Kombination schnell abgelehnt (bitte also nicht eine versalzene Salatsoße mit Zucker retten, sondern mit Säure!); ein anderer Grund, warum man eine Prise Zucker zum Braten gibt, ist der, dass man so eventuelle bittere Anteile vom Anbraten puffert. Mit Fett (Sahne und Butter) lässt sich vieles wieder „glattbügeln" – eine Sahne-Kombination zeugt aber meist nicht von ausgesprochener Finesse oder Leichtigkeit.

Food Pairing: ein Anwendungsbeispiel

Kick und Harmonie stellen keine fest definierten Größen dar. Dies möchte ich an folgendem Beispiel aufzeigen.

Der Wein, ein Grauburgunder, ist geprägt von erdigen Aromen, Mandel und Nuss. Mit 6 Gramm Fruktose ist er nicht ganz trocken, hat aber einen „durchgegorenen Charakter". Im Alkoholbereich liegt er bei 13 Vol.-%. Die Säure ist eher verhalten mit 6 Gramm. Die zu beachtenden Anteile bei diesem Wein wären die Säure und die Aromen. Beide sind aber nicht sehr ausgeprägt. Alkohol und Restsüße sind die „Jokeranteile", die viel in Richtung Harmonie leisten können.

Auf der Essensseite könnte man hier mit einem pikanten Gegenüber arbeiten, sei es scharf oder mit einer erfrischenden Säure. Den wenig dominanten Weinaromen würde ein dominantes Leitaroma beim Essen gut stehen, z. B. Röstaromen und vegetabile Aromen, damit der Alkohol im Wein seine Arbeit als „Geschmacksträger" leisten kann. Um diesen zurückhaltenden Wein in Szene zu setzen, muss man möglichst parallel arbeiten, das heißt, die Inhaltsstoffe des Weins nicht überdecken. Zu den Mandel- und Nussaromen bieten sich Mais, Kastanien, mehlige Kartoffeln, Kürbis, vielleicht sogar neutrale Rüben mit leicht vegetabilen und erdigen Aromen an. Den Kohlenhydratanteil sollte man ebenfalls zurückhaltend gestalten, damit sich der Alkohol des Weins darstellen kann. Mit etwas Crème Fraîche lässt sich hier nachhelfen, damit die Kombination bei aller Parallelität und Harmonie nicht langweilig wirkt. Wie wäre es mit einer cremigen Kartoffelsuppe, gedünstetem Fisch im Gemüsesud oder der mineralischen Note eines Rote-Bete-Salats mit einer kleinen Zwiebel und Balsamico?

Die Reihe der Beispiele lässt sich fortsetzen, und bei allen kommen wieder die beiden Möglichkeiten zum Tragen: Es gibt den „harmonischen" Weg, das heißt, die Inhaltsstoffe der Speise werden ergänzend zu einem Wein kombiniert; und den „Kick-Weg", das heißt, ich arbeite mit dem Gegenüber (Pendant), setze also ganz bewusst gegensätzliche Reize. Mit den Jokern (rote Anteile) kann man allzu heftige Pendants ausgleichen und harmonisieren. Je mehr in der Abbildung auf S. 93 spitze Anteile, das heißt Säuren, Extrakte oder Tannine (Gerbstoffe) kombiniert werden, desto mehr wird der kulinarische Kick erzeugt. Kombiniert man hingegen viele in der Abbildung runde Anteile, wie Alkohol, Fette und Süße bzw. Kohlenhydrate, wird mehr in Richtung Harmonie gearbeitet.

Beispiele, wie allgemeine Rezepte aus jedem Kochbuch in inhaltsstoffliche Analysen (in Klammern) umgedeutet werden können, um erfolgreich das „Wine and Food Pairing“ anzuwenden:

Rote-Bete-Teller mit Apfel, Walnüssen und Parmesan: Zutaten mit inhaltsstofflicher Analyse

- ca. 300 g Rote Bete (Kohlenhydrate, erdiges Aroma, Geosmin)
- etwas Fleur de Sel, Zucker, Pfeffer (Salz, Kohlenhydrate, würziges Aroma, Signaltransduktion, Piperin)
- kleiner Bund Petersilie (grünes Aroma, leichte Phenole)
- 200 g Endiviensalat (grünes Aroma, leicht bitter)
- 30 g Walnüsse, gehackt (Kohlenhydrate, ungesättigte Fettsäuren, erdiges Aroma)
- ca. 3 cm Ingwerwurzel (vegetabiles Aroma, Signaltransduktion, Schärfe, ätherisches Öl)
- 1 Bio-Limette/-Zitrone (Säure, fruchtiges Aroma)
- 1 EL flüssiger Honig (Fruktose, würzig-blumiges Aroma
- 2 EL Olivenöl (ungesättigte Fettsäuren)
- ½ grüner Apfel (z. B. Granny Smith) (fruchtiges Aroma, Kohlenhydrate, Säure)
- etwas Parmesanraspeln (Fett, Salz, Umami)
- 80 g Schmand (gesättigte Fettsäuren, Butteraroma)

Gemüse mit gebratenem Oktopus: Zutaten mit inhaltsstofflicher Analyse

- 2 Karotten (Süße, Phenol, erdiges Aroma)
- 1 rote Paprika (würziges Aroma, leichte schärfe)
- 1 Fenchel (Süße, würzig-vegetabiles Aroma, leichte Phenole)
- 2 Tomaten (Süße, Säure, fruchtig-würziges Aroma)
- etwas Fleur de Sel (salzig)
- etwas Olivenöl (grünes Aroma, leichte Schärfe, ungesättigte Fettsäuren)
- Oktopus (denaturiertes Protein, leichte Röstaromatik, Umami)

Zitronentartelette mit Früchten: Zutaten mit inhaltsstofflicher Analyse

- Mürbeteig oder Biskuit (Fett, Mandelaroma, Süße)
- Zitronenmousse (Säure, fruchtiges Aroma, Süße, etwas Salz)
- Butter (gesättigte Fettsäuren, Butteraroma)
- Früchte (fruchtiges Aroma, Säure, Süße)

Viel Freude beim Ausprobieren!

Anhang

Anmerkungen

1 www.dlg-akademie.de/ueber-uns/dlg-sensorik-zertifikat; https://www.dlgtest service.com/de/index.php/qualitaets management_food_beverage/ zertifizierungen_audits.
2 Siehe dazu: Lienert, G. A. & Raatz, U. (1998). Testaufbau und Testanalyse (6. Aufl.). Weinheim: Beltz.
3 https://flexikon.doccheck.com/de/ Reliabilität.
4 www.vitipendium.de/Anthocyane.
5 Hoppmann, D., Stoll, M. & Schaller, K. (2017): Terroir. Wetter, Klima, Boden (2., akt. Aufl.). Stuttgart: Ulmer.
6 Hoppmann, D., Stoll, M. & Schaller, K. (2017): Terroir. Wetter, Klima, Boden (2., akt. Aufl.). Stuttgart: Ulmer.
7 Maltman, A. (2018): Vineyards, Rocks, and Soils. The Wine Lover's Guide to Geology. Oxford: Oxford University Press.
8 https://www.steiermarkt.de/gewusst_ info.php?text_id=Konventioneller%20 Weinbau-1284.
9 Lemperle, E. (2007): Weinfehler erkennen. Stuttgart: Ulmer.
10 https://glossar.wein.plus/ tetrachloranisol.
11 www.vitipendium.de.
12 www.vitipendium.de.
13 McGee, H. (2004): On Food and Cooking. The Science and Lore of the Kitchen. New York: Scribner. Amarowicz, R. (2009) in den Publikationen der Division of Food Science des Institute of Animal Reproduction and Food Research an der Polish Academy of Sciences in Olsztyn.

Dank

Was nun noch fehlt, ist ein Dankeschön an ein paar Personen für ihre Mithilfe bei der Entstehung dieses Buches – fürs Gegenlesen, Setzen, Informieren, Formulieren, Erklären und Diskutieren:

Sonja Hartung (Lesen, Lesen, Lesen, Formulieren, Verstehen)
Brigitte Wüstinger (fürs immer offene Ohr und die richtige Energie, WINE SYSTEM)
Gisela Wüstinger (Umsetzung PAR-Datenbank, WINE SYSTEM)
Inge Mainzer (Umsetzung PAR-Edukation)
Marion Rockstroh-Kruft (Sortentypizität)
Peter Scharff (kulinarische Kompetenz, Aroma)
Martin Homola (GIZ Georgien; Lesen)
Dr. Herbert Fisch (Chemie)
Dr. Claus Fischer (Korken)
Alexander Morandell (Rebenzüchtung, QS)
Joseph (Sepp) Schmidt (Trennschärfe und praktische Geologie)
Achim Schriever (Château Plagne, Speisen und Ästhetik)
Kurt Schweizer (Château Plagne, kulinarische Optimierung)
Martin Schropp (Weingut Schropp), Dr. Michael Reuter (Umsetzung praktisches Terroir)
Winfried Fuchs Jacobus (Weingut Fuchs Jacobus, Biodynamik)
Ansgar Galler (Weingut Galler, PIWI)
Stephan Pellegrini (internationale Exkursionen, Marktanalyse, Requirements)
Bernd Pflüger, Hans Günter Schwarz, Helmut Darting (Winzerhandwerk „Gute fachliche Praxis“)
Wolfgang Junge (trennscharfe Degustation, Stilistik vs. Terroir, Schlossberg)
Bernhard Staller (Redox, Elektrochemie, EQC)
Peter Hilden Marketing und jahrelanger, treuer Begleiter in Sachen „Bio“ (Delinat)
Bruno Eltschinger ASSP, Schweiz ehemaliger Leiter der Schweizer Sommelierschule
Frau Fehrenbach, Koordination Ulmerverlag
Melanie Kattanek (professionelles Lektorat)
Ulmer Verlag
u. v. m.
Besonderer Dank gilt der Deutschen Wein- und Sommelierschule (IHK Koblenz), bei der ich über 20 Jahre Sommelier/en in Sachen Wein An- und Ausbau sowie praktische Sensorik und Food Pairing nach PAR ausbilden durfte.
Diese Zeit war sehr wichtig für die ständige Weiterentwicklung und Etablierung durch praktische Anwendung des „Wine and Food Pairing“, dem einzigen System, das rein inhaltsstofflich argumentiert und hoch reproduzierbar ist.
Ein großer Dank auch an alle PAR-Verkoster für viele (40 000) genaue sensorische Dokumentationen, viele Jahre Internationalen Bioweinpreis sowie Ideen zur Optimierung von PAR.

Ganz besonderen Dank an meine Frau Annette und meine Söhne Simon, Julius und Valentin, die all die Tastings haben über sich ergehen lassen.

Über den Autor

Martin Darting ist der Entwickler der PAR Prüfsystems und Vorstand der WINE SYSTEM AG. Nach der Ausbildung zum Winzer lagen seine Schwerpunkte in der Beratung zu Weinbau und Vinifikation, mit dem Schwerpunkt Sensorik. Spezialisiert hat er sich auf die Kompensation des Klimawandels durch angepasste Anbaumethoden und sensorisch-aromatische klimabedingte Terroiranalytik und auf Naturweine.

Ihn prägt bis heute seine Neugierde, immer Neues kennenzulernen. Er möchte genau wissen, wie etwas passiert, warum es so passiert und ob es auch Alternativen zu vermeintlich festen Meinungen oder Standards gibt. Sprachliche Trennschärfe ist ihm wichtig, vor allem, um von Verallgemeinerungen weg zu kommen und um Abläufe und Verhältnismäßigkeiten genau beschreiben und nachvollziehen zu können.

Er liebt es in der Natur zu sein, vor allem in seinem Weinberg, und zu erleben, wie die leisen Dinge passieren. Die Begeisterung für gutes Essen und guten Wein, lebensnah und praxisorientiert, sich möglichst am unverfälschten Original zu orientieren, um zu wissen warum was wie schmeckt – das ist seine Motivation.

Die Herausforderungen sind es, die richtigen Fragen zu stellen, immer wertschätzend gegen über anders Denkenden zu sein, um die eigene Wahrheit in der Wirklichkeit zu finden.

Register

F

G

H

I

K

L

M

N

O

P

Q

R

S

T

Bildquellen

Die Zeichnungen fertigte Helmuth Flubacher, Ulm, nach Vorlagen des Autors.

Titelfoto: Adelaides/Shutterstock.com

Impressum

Die in diesem Buch enthaltenen Empfehlungen und Angaben sind von der Autorin/vom Autor mit größter Sorgfalt zusammengestellt und geprüft worden. Eine Garantie für die Richtigkeit der Angaben kann aber nicht gegeben werden. Autorin/Autor und Verlag übernehmen keine Haftung für Schäden und Unfälle. Bitte setzen Sie bei der Anwendung der in diesem Buch enthaltenen Empfehlungen Ihr persönliches Urteilsvermögen ein.

Der Verlag Eugen Ulmer ist nicht verantwortlich für die Inhalte der im Buch genannten Websites.

Anmerkung zur Schreibweise (Gendering): Gendergerechtigkeit und Inklusion sind bei uns gelebte Praxis – bei der Auswahl unserer Themen, bei der Recherchearbeit, in der Gestaltung. Unsere Texte meinen alle. Damit unsere Inhalte jedoch gut lesbar bleiben, verzichten wir in diesem Werk auf die jeweilige Mehrfachnennung oder Anpassung der Schreibweise bestimmter Bezeichnungen an die weibliche, männliche oder diverse Form.

Bibliografische Information der Deutschen Nationalbibliothek
Die Deutsche Nationalbibliothek verzeichnet diese Publikation in der Deutschen Nationalbibliografie; detaillierte bibliografische Daten sind im Internet über http://dnb.d-nb.de abrufbar.

Wollgrasweg 41, 70599 Stuttgart (Hohenheim)
E-Mail: info@ulmer.de
Internet: www.ulmer.de
Projektleitung: Pia Fehrenbach
Lektorat: Melanie Kattanek
Herstellung: Stephanie Haun
Umschlaggestaltung: Verlag Eugen Ulmer
Satz: Fotosatz Buck, Kumhausen
Reproduktion: time:ray, Jettingen
Druck und Bindung: Pustet, Regensburg
Printed in Germany

ISBN 978-3-8186-1775-2

HIER KÖNNEN SIE WEITERLESEN

Dieses Buch denkt Nachhaltigkeit ganzheitlich und zeigt Ihnen, wie sich die Weinwirtschaft umfassend in allen Bereichen Richtung Nachhaltigkeit entwickeln kann und dass dabei für Sie sogar meist Win-Win-Situationen entstehen. Die Autoren sind mit wissenschaftlichem Hintergrund die jeweiligen Koryphäen auf ihrem Gebiet. Die praxisnahen Fachbeiträge von führenden Winzern und Persönlichkeiten aus der Weinwirtschaft vermitteln Ihnen umfassendes Wissen zur Nachhaltigkeit im Weinbau. Dieses Buch beinhaltet vielfältige Beiträge nach aktuellem Stand der Forschung und Best-Practice-Beispiele und -Lösungen von führenden Praktikern.

Ganzheitliche Nachhaltigkeit in der Weinwirtschaft.

Zukunftsfähige Lösungen für die gesamte Wertschöpfungskette. K. Ulrich (Hrsg.). 2022. 264 S., 22 Farbfotos, 48 Zeichnungen, 14 Tabellen, kart. ISBN 978-3-8186-1315-0.

EINFACH SELBST WEIN KELTERN

Schritt für Schritt beschreibt der Autor verständlich alle Arbeitsschritte und gibt professionelle Tipps bei Schwierigkeiten wie Weinfehlern und Pannen. Außerdem erfahren Sie in diesem Buch die wichtigsten Infos zu den Trauben, Geräten, Erzeugnissen sowie Krankheiten und Mängeln. So wird Ihr eigener Wein aus Trauben, Äpfel und Beeren zum echten Genuss: Mit einem Minimum an Chemikalien und einem Maximum an technischem Wissen erzielen Sie die beste Qualität beim schmackhaften und haltbaren Wein aus dem eigenen Keller.

Wein aus eigenem Keller. Trauben-, Apfel- und Beerenwein. W. Vogel.
10., akt. Auflage 2021. 144 S., 50 Farbfotos, 17 Tabellen, kart. ISBN 978-3-8186-1379-2.